inko drill

インコドリル

JN215503

“インコの学校”鳥物(?)相関図

インコたちの関係性を、人物相関図……ならぬ、鳥物相関図でご紹介します。

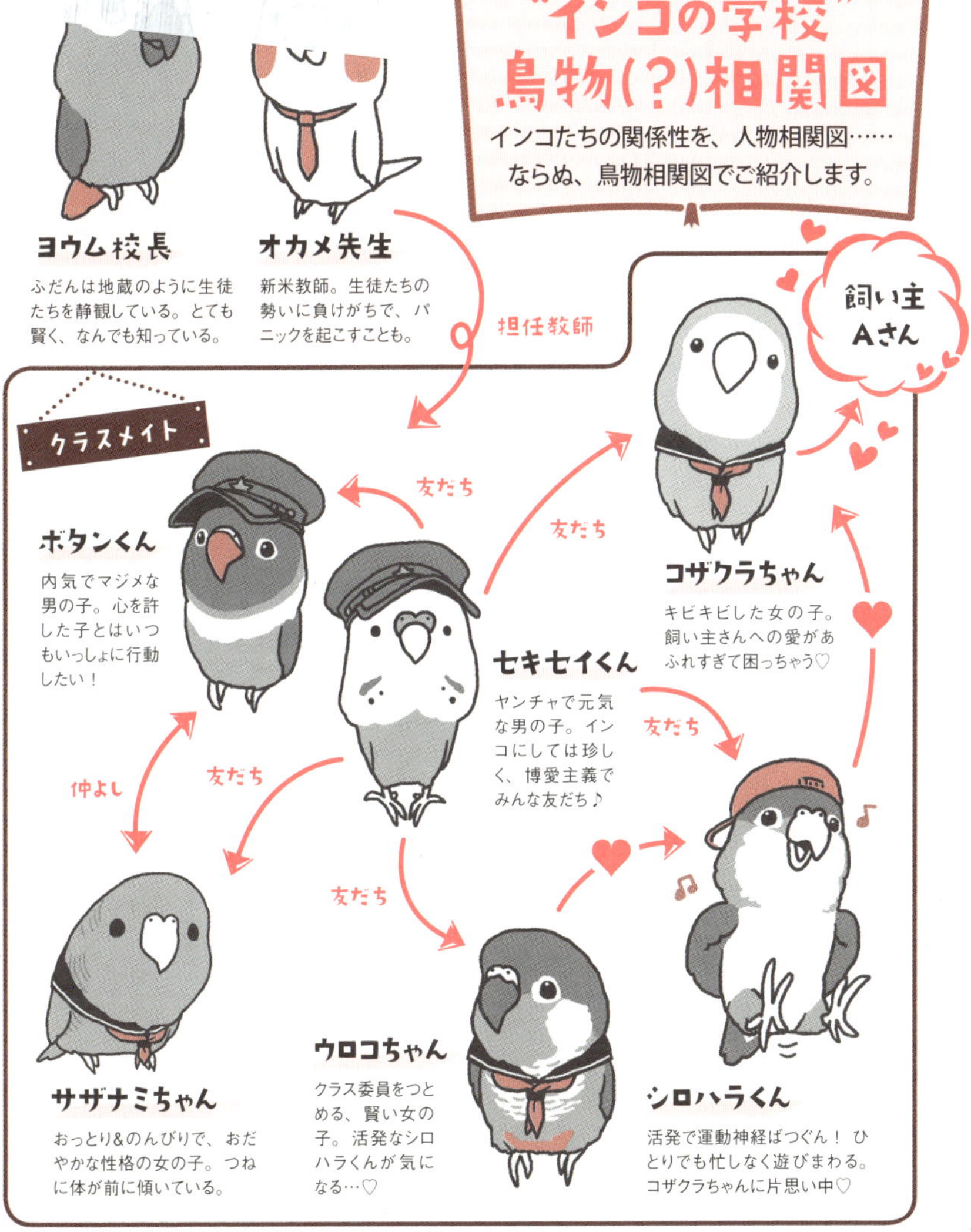
ヨウム校長
ふだんは地蔵のように生徒たちを静観している。とても賢く、なんでも知っている。
オカメ先生
新米教師。生徒たちの勢いに負けがちで、パニックを起こすことも。
担任教師
クラスメイト
飼い主Aさん
ボタンくん
内気でマジメな男の子。心を許した子とはいつもいっしょに行動したい！
友だち
セキセイくん
ヤンチャで元気な男の子。インコにしては珍しく、博愛主義でみんな友だち♪
コザクラちゃん
キビキビした女の子。飼い主さんへの愛があふれすぎて困っちゃう♡
仲よし
友だち
友だち
友だち
友だち
サザナミちゃん
おっとり&のんびりで、おだやかな性格の女の子。つねに体が前に傾いている。
ウロコちゃん
クラス委員をつとめる、賢い女の子。活発なシロハラくんが気になる…♡
シロハラくん
活発で運動神経ばつぐん！ ひとりでも忙しなく遊びまわる。コザクラちゃんに片思い中♡

ようこそ、インコの学校へ！

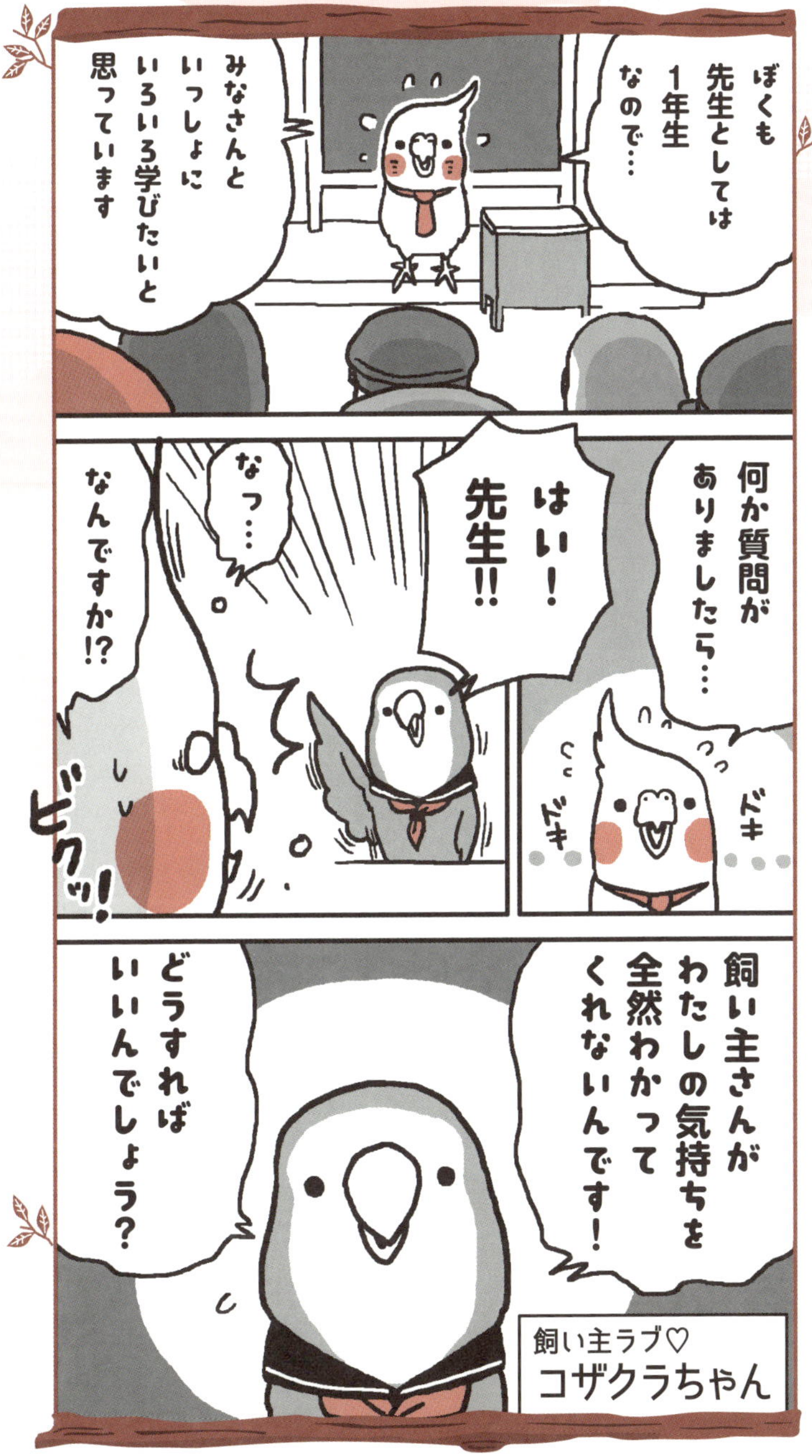
ぼくも先生としては1年生なので…
みなさんといっしょにいろいろ学びたいと思っています
何かありましたら質問が…
ドキ
ドキ
はい！先生!!
なっ…
なんですか!?
ビクッ!
飼い主さんがわたしの気持ちを全然わかってくれないんです！
どうすればいいんでしょう？
飼い主ラブ♡
コザクラちゃん

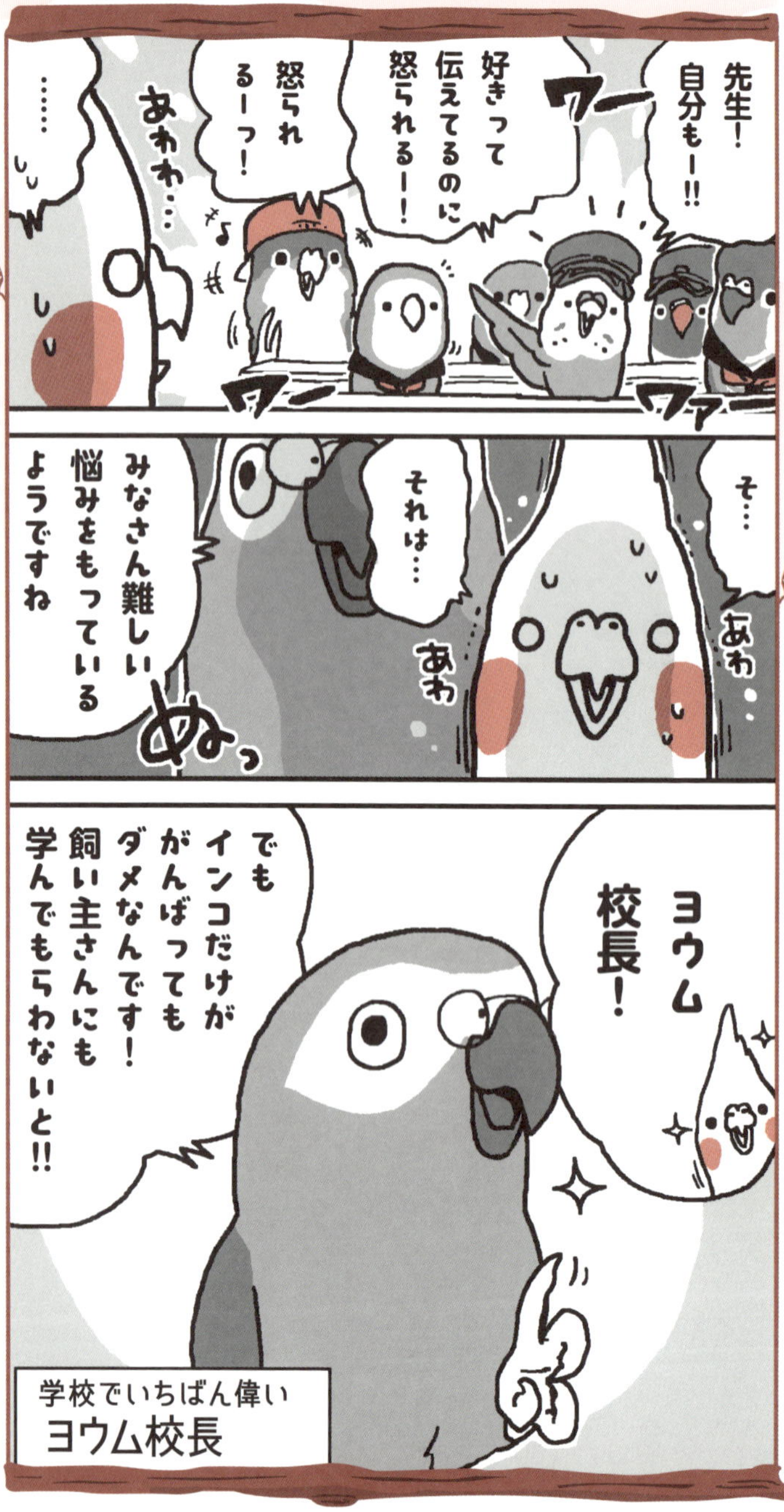
先生！自分もー!!
ワー
好きって伝えてるのに怒られるーー！
怒られるーっ！
あわわ…
……
ワー
ワァー
そ…
あわ
それは…
あわ
みなさん難しい悩みをもっているようですね
ぬっ
ヨウム校長！
でもインコだけががんばってもダメなんです！飼い主さんにも学んでもらわないと!!
学校でいちばん偉い
ヨウム校長

ということでこの本をどうぞ
そっ…
これは…『インコドリル』?
?
このドリルにはインコに関するさまざまな知識や
気持ちを知るためのヒントが詰まっているんです!
すごいですね!
みなさん!このドリルを飼い主さんに渡して解いてもらいましょう!
はぁ〜〜い!
こうして生徒たちは…
ZZZ…
そっ
飼い主さんの枕もとに『インコドリル』をそっと置いたのでした

もくじ

3時間目 インコのきもち

『インコドリル』の使い方

インコについて、より深く知っていただくための本書。
くり返し読めば、“インコマスター”間違いなし！

ステップ1
穴埋め問題にチャレンジ！

まずは、穴埋め問題を解いてみましょう。マスの数は、模範解答の文字数です。ぜひ、意識して解答してみて！

ステップ2
解答をチェックしよう！

問題の答えはこちらに掲載。模範解答から珍回答まで、オカメ先生が添削します。

ステップ3
解説で理解を深めよう

問題にまつわるインコのさまざまな情報を解説。穴埋め問題に不正解の方はもちろん、正解した方もご一読を！

---

1 きほん

インコは□□で生活する生きもの

答え合わせ

群れ

独りって答えた方、残念ながら正反対です！ かごと答えた方は△。まあ、多くはケージの中で過ごしますからね。わが家と答えた方、その「うちの子大好き感」、ステキだと思いますよ！

野生のインコの多くは、数十～数千羽の群れをつくって暮らします。ですが、群れの規模が大きすぎるあまり、同じコミュニティに所属していても、ほとんどが赤の他鳥（？）。言うなれば群れは、家族が集まった大きなマンションのようなものです。

なお、群れで生活するインコは、ひとりぼっちが大の苦手。そもそも、インコが群れをつくるのは、敵に狙われにくくしたり、伴侶を見つけたりするためですから、ひとりぼっちは生命の危機と同義！ お留守番が苦手な子が多いのもそのためです。

14

さらにくわしく学びたい飼い主さんは…

もっと知りたい 補習授業 愛の順番について

インコドリル 応用問題 インコの恐怖編

問》次のうち、インコが恐れるものすべてに○をつけよ。

緊急のお便り 呼び鳴きをやめてほしい！

補習授業

「もっと知りたい！」という飼い主さんの声にお答えして、穴埋め問題に関連する、補習授業を実施いたします。

応用問題

飼い主さんにぜひ解いていただきたい、実力テストを用意しましたが……インコが先に解いてしまったようですね。

緊急のお便り

飼い主さんから“インコの学校”に届いたお便りを紹介します。愛鳥とのトラブルの解決策が見つかるかも……!?

INKO DRILL
1
時間目

インコのきほん

インコとステキな関係を築くには、まずインコがどんな動物か、きちんと知ることが大切。インコのきほんに関する穴埋め問題、6問に挑戦しましょう。

インコってどんな生きもの？

あの…
ワイ
ワイ
ワイ
ワイ
みなさん…？
話を聞いてくださ…
いかーーんっ!!
ばっ
い!?
!?
自分たちインコがどんな生きものかきちんと知って
飼い主さんに自己紹介できるようになりましょう!
その通り!
ばばーーん!

1 きほん

インコは□□□□で生活する生きもの

野生のインコの多くは、数十～数千羽の群れをつくって暮らします。ですが、群れの規模が大きすぎるあまり、同じコミュニティに所属していても、ほとんどが赤の他鳥（?）。言うなれば群れは、家族が集まった大きなマンションのようなものです。

なお、群れで生活するインコは、ひとりぼっちが大の苦手。そもそも、インコが群れをつくるのは、敵に狙われにくくしたり、伴侶を見つけたりするためですから、ひとりぼっちは生命の危機と同義！　お留守番が苦手な子が多いのもそのためです。

答え合わせ

群れ

独りって答えた方、残念ながら正反対です！かごと答えた方は△。まあ、多くはケージの中で過ごしますからね。わが家と答えた方、その「うちの子大好き感」、ステキだと思いますよ！

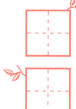

答え合わせ

個人

単独と答えた方も正解です！　**博愛**と答えた方、残念ながら×。じつは逆なのです（21ページ）。**集団**と答えた方、群れで過ごしますから、間違っちゃいませんが……△としましょう。

2 きほん

だけど□□□□主義なところがある

あなたは、同じマンションに住む顔も知らない人が引っ越したら、悲しくなりますか？　多くの方の答えは、「NO」だと思います。同じように、身を守るためにゆる〜い関係性の群れをつくるインコにとって、つがいや家族以外の相手は、正直〝どうでもいい〟存在。インコは、好きな相手といられればOKという、個人主義な生きものなのです。

とはいえ、大好きな相手以外でも、群れの仲間がいればとりあえずはひと安心。ひとりよりはマシなので、他にだれもいなければ側にいたいと考えます。

性格は、□□なところがある

答え合わせ

臆病

さみしがり、甘えんぼう、気まぐれ、と答えた方も当たってはいます。……が、文字数を考えていただきたかった！　当てはまる回答は多そうですが、本項では臆病を解説します。

インコには、臆病な一面があります。野生下では、猛禽類などの自分を狙う敵が多く、気を抜くと敵に発見されて命の危機にさらされますから、自然と警戒心が高まったのでしょう。

とくに、環境の変化にはとても弱く、新しいオモチャや、ケージのレイアウト変更がストレスになる子も……。見知らぬ人やカーテンごしに見えるカラスの影などへの恐怖心は相当です。

個体差はありますが、セキセイやサザナミ、オカメなどは、臆病な子が多い傾向があります。

インコドリル

インコの恐怖編

応用問題

問 次のうち、インコが恐れるものすべてに○をつけよ。

○ 1. 孤独

ぽつーーーん

無視をされるのがいちばんイヤ!!

群れで暮らすインコは、孤独が何より苦手。不安になっちゃうから、「だれかいるよね!?」って鳴いて確認するんです。それを無視されると、心に深いダメージを負ってしまうことも……。

○ 2. 知らない人

何をされるかわからないもの

インコは警戒心が強いから、相手の正体を知って「安全」と判断するまでは気を抜きません。判断基準は、「飼い主さんと親しいか」とか、「前に会った人と似たところがあるか」とか……。

△ 3. 知らないもの

怖いんだけど、気にもなる…

はじめて見るものは怖い……けど、好奇心が旺盛なので、じつは興味しんしん。とくに、人間に守られて暮らすインコの場合、危険がないことをすぐに察知し、果敢に近づくことも多いんです。

○ 4. 大きな音

大きらい!! パニックになるよ〜

いきなり大きな音がしたら、びっくりします！鳥種によっては、パニックになることも。とくに苦手なのは、花火の音。「ヒュルル〜」という音が、鳥が出す警戒音に似ているからです。

△ 5. 病院

〇〇動物病院

苦手だけど、いいこともある!

体が辛いときに行く場所ですし、体をベタベタさわられるので、基本的には苦手です。でも、複数飼いの家庭の場合、飼い主さんを独占できる場所として、病院好きな子もいるんだとか。

6. 飼い主さん

だーい好き♥ あなたもだよね?

もちろん大好きですよ！飼い主のみなさんも、我々のことお好きですよね？　この項目に○をつけちゃうインコがもしいたら……ちょっと、個別授業をしたほうがいいかもしれませんね。

コワいのキライ

4 きほん

□□的だけど、好奇心は旺盛

答え合わせ

保守

攻撃的と答えた方、ずいぶん激しいインコと暮らしているのですね……！　**近代**的と答えた方、「インコのルーツは恐竜」なんて説もありますから、むしろ**古代**的（？）なんですよ。

インコは、日常生活においても、一定の決まりがある安定したサイクルでの生活を望みます。同じ時間に起床し、エサを食べ、外に出て遊び、眠りにつく。そうすることで、心の安定がもたらされるからです。ほかの被補食動物と同じく、インコも保守的な生きものといえるでしょう。

　ところが、インコは知的好奇心にあふれた一面ももちます。知能が高いため、怖がりながらも「あれは何？」「試してみようかな？」と興味を示すのです。インコが退屈しないよう、楽しい変化は積極的に与えてください。

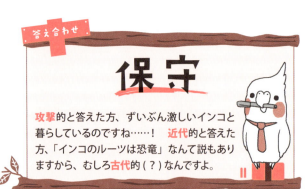

答え合わせ

声と身ぶり

2つめは、**しぐさ**のほか**動き**、**挙動**でも意味合いは正解です！　この問題は、解けた方も多かったのではないでしょうか？　……えっ、**羽**と**つばさ**？　なるほど、羽フェチさんなのですね。

5 きほん

気持ちは□□と□□で伝える

群れで暮らすインコは、仲間と情報交換をしたり、感情を伝え合ったりする動物です。情報や気持ちを伝達するとき、**人間と似たように「声」と「身ぶり」を使い、視覚や聴覚に訴えかける方法をとります。**

インコは飼い主さんに対しても、気持ちを一生懸命伝えます。しかし、人間とインコは異種ですから、言葉も通じなければ、ボディランゲージも異なります。インコと心を通わせるためにはコミュニケーションが必須ですから、ぜひインコの気持ちの伝え方を知ってくださいね。

インコは□□にあふれている

愛

なんてステキな響きでしょう！ **愛**。そう、インコは**愛**でいっぱいなのです♡♡♡ **魅力**、**活力**、**可能性**と答えた方、インコとしてはうれしい答えですが、文字数を意識してくださいね。

多くの動物は、優れた遺伝子を残すために、繁殖の度にパートナーを変えたり、一夫多妻のかたちをとります。ところがほとんどの**インコは、一生のパートナーを1羽と決め、深い愛をそそぎます**。とても一途で、愛情深い動物なのです。それは、相手が飼い主さんという異種の動物でも同じ。**だからインコと人間は仲よくなれる**のでしょう。

愛の表現は、個体や鳥種によって、おしゃべりで伝えようとしたり、スキンシップを求めたりとさまざま。ぜひ、愛鳥の表現に気づいてあげてくださいね。

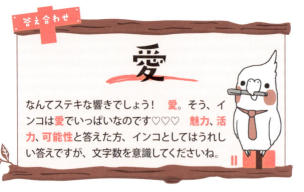

補習授業

もっと知りたい

愛の順番について

インコは、好き嫌いがとてもはっきりした生きもの。だれでも大好きな博愛主義とはほど遠く、好きな人やインコを、明確に順位づけします。ここでは、「愛の順番」と、「好きの基準」についてお勉強しましょう。

テーマ)) インコはだれが好きなのか？

1位 つがいの相手

子孫を残すために選んだ伴侶への思いは、何者にも代えられません。命ある限りいっしょにいたい存在です。

2位 人間（いちばん好き）

つがいたいインコがいない場合、異種とわかっていながら、いちばん好きな人間に入れこむことがあります。

入れ替わることも

3位 人間（2位以下）

人間がたくさんいる場合、インコは好きな順番を明確に決めます。上位の人ほど、いっしょにいたい相手！

4位 ほかのインコ

好き嫌いは別として、いっしょにいてくれれば安心できる存在。気が合わなくても、ひとりきりよりはマシです。

入れ替わることも

インコの好きの基準は？

ヒナのうちは、世話をしてくれる相手がいちばん！　でも成長すると、自分の基準で好き嫌いを決めるように。この基準は、「おいしい→好き」「怖い→嫌い」など、経験によって決められます。成長していろいろ経験すると、好みがさらに細分化されることも！

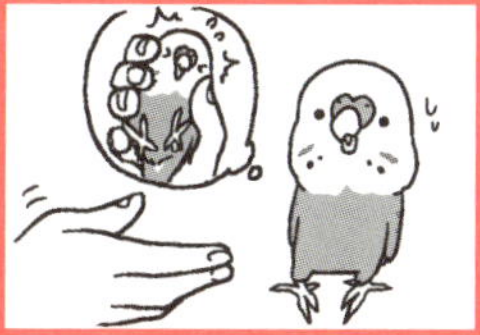

まとめ

インコは、インコの基準で好きな人やインコを決める。なかでも、つがい（いちばん好きな人）とはできるだけいっしょにいたい。

インコ種類 絵ずかん

日本でペットとして
人気のインコ、11種類を
ご紹介します！

小型

セキセイインコ

小さなボディと、つぶらな丸い瞳がキュートなセキセイ。遊び好きで社交的な性格の子が多いです。おしゃべりじょうずな子も多数！

生息地　オーストラリア　体重　約35g
体長　約20cm　寿命　8〜12年

小型

コザクラインコ

「ラブバード」の一種。パートナーへの愛が深く、スキンシップを好みます。パートナーとの仲を邪魔されると、攻撃的になることも。

生息地　アフリカ　体重　約50g
体長　約15cm　寿命　10〜13年

中型

オカメインコ

チャームポイントは、冠羽とチーク！　温和でおとなしい子が多く、愛情深い性格です。おしゃべりより、歌が得意な傾向があります。

生息地　オーストラリア　体重　約90g
体長　約30cm　寿命　13〜19年

小型

ボタンインコ

目のまわりの白いアイラインが特徴のボタン。ちょっぴり内気な一面がありますが、「ラブバード」の一種なので、愛情深い子が多いです。

生息地	アフリカ	体重	約40g
体長	約14cm	寿命	10～13年

中型

ウロコインコ

楽しいことが大好きで、人にもなれやすいです。お腹を見せることも多いでしょう。ただし、咬みグセがつきやすい一面もあります。

生息地	南米	体重	約65g
体長	約25cm	寿命	13～18年

小型

サザナミインコ

波のような模様の羽をもつサザナミ。前かがみに歩く姿が特徴的です。のんびりした性格の子が多く、普段は鳴き声も小さめです。

生息地	南米	体重	約50g
体長	約16cm	寿命	10～13年

小型

マメルリハ

小さな体ですが、とてもパワフル！　活発でヤンチャな子が多いです。野生で木をかじっていたため、咬む力がとても強いのも特徴。

生息地	南米	体重	約33g
体長	約13cm	寿命	10～13年

中型

シロハラインコ

真っ白のお腹が特徴のシロハラ。陽気で活発、好奇心がとても旺盛！　いたずらで飼い主さんの気を引こうとする子も多いです。

生息地	南米	体重	約165g
体長	約23cm	寿命	約25年

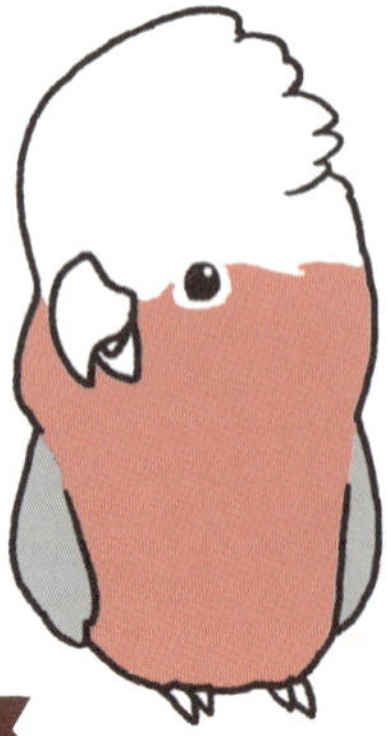

大型

モモイロインコ

美しいピンク色の羽毛が特徴。スキンシップが大好きで、人にもなれやすいです。少々太りやすいので、エサの量に注意しましょう。

生息地	オーストラリア	体重	約345g
体長	約35cm	寿命	約40年

大型

ヨウム

頭のよさはピカイチ！　TPOに合わせて言葉を選び、会話できる子もいるほどです。好奇心も旺盛ですが、繊細な面もあります。

生息地	アフリカ、ギニア	体重	約400g
体長	約33cm	寿命	約50年

大型

キバタン

真っ白な体と黄色い冠羽がチャームポイント。賢く、遊び好きな面があります。朝夕に雄叫びをあげる子が多いので、覚悟のうえでお迎えを。

生息地	オーストラリア	体重	約880g
体長	約50cm	寿命	約40 年

INKO DRILL

2時間目

インコのからだ

インコと人間は、からだのつくりが違います。当たり前のことですが、からだの違いを知ることで、インコという動物への理解も深まるはず。17問の穴埋め問題に挑戦しましょう！

インコと人間の体は違うらしい

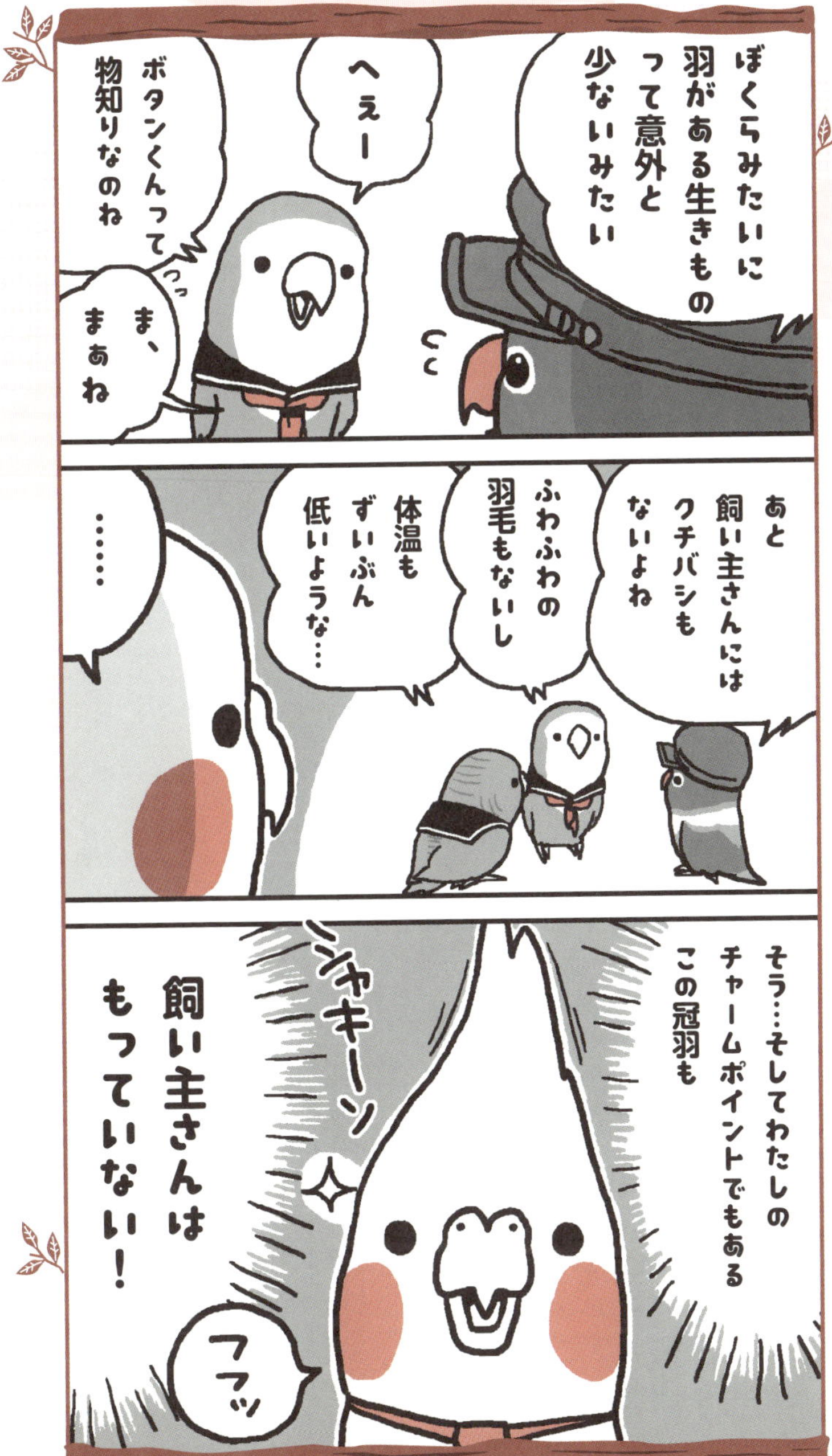
ぼくらみたいに羽がある生きものって意外と少ないみたい
へぇー
ボタンくんって物知りなのね
つっ
ま、まぁね
あと飼い主さんにはクチバシもないよね
ふわふわの羽毛もないし
体温もずいぶん低いような…
……
そう…そしてわたしのチャームポイントでもあるこの冠羽も
シャキーン
飼い主さんはもっていない!
フフッ

□□ことに特化した体をもつ

答え合わせ

飛ぶ

歩く、**泳ぐ**なーんて答えた方、いらっしゃいませんよね？　**飛ぶ**ことは、鳥のアイデンティティー。鳥の中で飛べないのは、ペンギン、ダチョウ、一部のカモ……あれ、意外といますね。

ほかの動物にはないインコ（鳥）ならではの特徴といえば、やはり飛ぶこと！　体のすべての機能が、飛ぶために特殊化されたといっても過言ではありません。

なんといっても特徴的なのは、つばさ（羽）があること。このつばさを、前後にはためかせることで前に進みます。つばさを後ろに動かすときは、羽をピタリとくっつけて一枚状態にし、空気をかきます。そして前に戻すときは羽の間を広げ、空気抵抗を減らすのです。さらに尾羽には、着陸時の落下速度を調整する役割があります。

補習授業

もっと知りたい

インコの飛行について

羽のほかにも、インコの体は飛ぶために特殊化されています。ここでは、インコのスペシャルな体の機能を、３つほどお勉強しましょう！　41～42、46ページで紹介している情報も要チェックですよ。

テーマ》 インコが「飛ぶため」の特殊な体のつくりとは？

その1
強力な大胸筋

大きな羽を動かすために、全体重の4分の1を占める、立派な大胸筋をもっています。また、「竜骨突起《りゅうこつとっき》」という、大胸筋を支える特殊な骨をもちます。

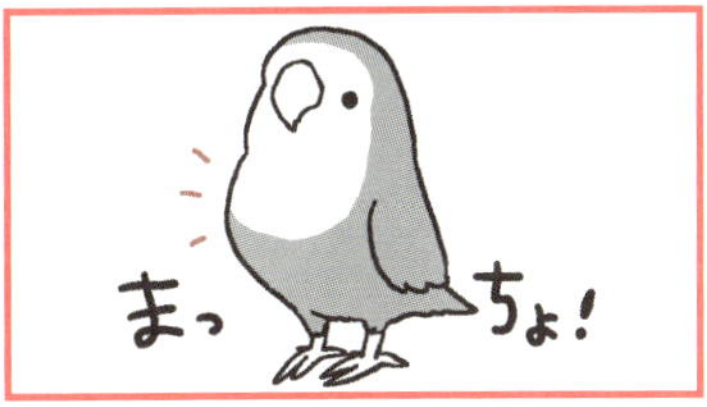

その2
軽すぎるボディ

空を飛ぶために、インコの体重は極めて軽量で、骨が中空になっているほどです。骨は強度を保つために、細い無数の柱が張りめぐらされています。

その3
羽毛で温度調節

インコの羽毛は、飛行で体温が上がりすぎてオーバーヒートしないように、体を冷却する役割があります。もちろん、保温機能も併せもちます（87ページ）。

まとめ

インコの体は、筋肉や羽毛、骨など全身のすべての機能が、飛行のために特殊な進化を遂げたといえる。

2 からだ

インコはとても頭が□□！

答え合わせ

いい

まさか、**悪い**なんて答えた方はいませんよね？物忘れが激しいことを「鳥頭」なんて言うせいで、誤解されがちなのです。でも飼い主さんなら、インコの頭のよさはご存じですよね！

「インコは脳が小さくて頭が悪い」なんて説がまかり通っていますが、それは大きな間違いです。むしろ、1990年代に発表された研究で、**インコの脳は想定よりずっと大きく、人間の2歳児なみの知能をもつことがわかっています**。また、記憶や学習を司る「海馬」や「大脳皮質」と似た機能をもち、**記憶力が優れていることも判明**しました。

なかでも、ヨウムなどの大型インコは、非常に高い知能をもちます。世界一有名なヨウムの「アレックス」は、5歳児なみの知能だったといわれるほどです。

補習授業

もっと知りたい 精神的な変化について

インコの脳は、成長や経験によって、あらゆることを経験し、発達していきます。それにより、インコの精神面も変化していくのです。ここでは、インコの成長ごとの、基本的な気持ちの変化を勉強しましょう。

テーマ)) インコの精神面はどのように変化するの？

ヒナ・幼鳥

何かをあれこれ考えることはありませんが、あらゆるものにふれることで、生きていくための情報を集めようとする時期です。好奇心が旺盛で、何にでも興味をもちます。

成鳥

警戒心が生まれ、安心・安全であることを第一に考えるようになります。今いる場所が安全だと判断できれば、持ち前の好奇心が湧き上がるでしょう。性成熟期には、発情により、気が強くなることも！

老鳥

若いころと同じように過ごしたいと思う一方で、刺激を求めなくなり、変化がない安定した日々を望むようになります。パートナーとは、視線や言葉を交わす、穏やかな交流を好むように。

インコの反抗期って？

人間と同じように、インコにも反抗期があり、幼鳥期の「いやいや期」と、性成熟を迎えたばかりの「思春期」の2回訪れます。突然咬むようになったり、なわばり意識が強くなったりして驚きますが、健全に成長している証です。しつこくせず、大らかな気持ちで見守りましょう。

まとめ

成長段階によって、インコの気持ちは変化する。性成熟期はとくに、インコの心の変化に合った接し方を心がけることが大切！

3 からだ

インコは胃を□つもつ

答え合わせ

2

人間と同じように1つとお答えの方、残念！インコは胃を2つもつのです。同じペットでも、犬や猫は人と同じ哺乳類ですが、鳥類のインコは、まったく違う体のつくりをしています。

インコの体は、人間とは異なります。「何を当たり前のことを」と思うでしょうが、外見的なものだけでなく、体内もまったく違う構造をしているのです。

ひとつめが、「前胃（腺胃《せんい》）」と「後胃（筋胃《きんい》）」という、2つの胃をもつこと。前胃は、胃液を分泌し、飲みこんだエサに混ぜて後胃に送る役割があります。送られたエサは、筋肉に囲まれた後胃で砕かれ、消化されるのです。

さらに、膀胱をもたない（42ページ）、メスの卵巣は左側にひとつ……など、消化器以外にも多くの違いが見られます。

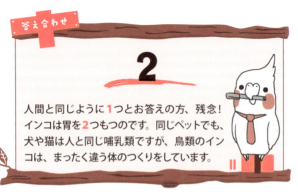

補習授業

もっと知りたい

インコの消化器について

胃が２つあること以外にも、インコの消化器にはいろいろと、人間とは異なるポイントがあるんです。そんなことを聞いちゃったら、気になりますよね？インコの消化器のヒミツをお勉強しましょう。

テーマ)) インコの消化器の特徴は？

そのう

食道の途中に、袋状の「そのう」があります。エサを一時的に溜めて、ふやかす役割があります。

大腸・盲腸

排せつ物が溜まると体重が増えるので、大腸はとても短いです。盲腸も、痕跡が残っている程度。

総排泄腔

➡ 42 ページ

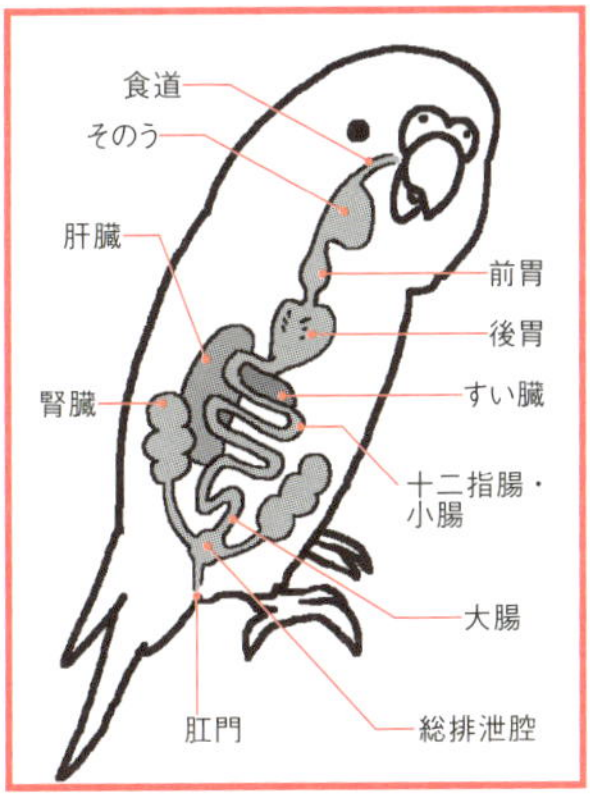
食道
そのう
肝臓
腎臓
前胃
後胃
すい臓
十二指腸・小腸
大腸
肛門
総排泄腔

だ液

だ液は、わずかに分泌します。消化能力はほとんどなく、食べものに湿り気を与える役割をもちます。

2つの胃

➡ 32 ページ

その他の臓器

すい臓で生まれた「すい液」と、肝臓で生まれた「胆汁」を利用し、小腸で消化・吸収が行われます。

インコは食べものを丸飲み！

インコのクチバシをよく見てみてください。歯がないのがわかりますね。インコは食べものを歯ですりつぶさず、丸飲みします。食べものは、アゴのような役割をもつクチバシの力を借りて、のどの奥へと送られます。そして、後胃ですりつぶして消化するのです。

あーんっ

まとめ

インコは食べものを丸飲みし、後胃ですりつぶす。その後、小腸で消化・吸収し、短い大腸を通って総排泄腔から排せつする。

4 からだ

もっとも発達している五感は□□

答え合わせ

視覚

聴覚、**触角**、**味覚**、**嗅覚**とお答えの方、残念！なお、２番目に発達しているのは聴覚で、人間と同じくらいだと考えられています。ちなみに、**直感**と答えた方、そちらは6つめの感覚ですよ。

インコは、昼間に活動する昼行性の動物です。飛行しながら周囲をキョロキョロと見回す**インコの視力はとてもよく、人間の3～4倍**ともいわれています。また、色を見分ける能力にも優れており、人間に見えない色も見分けることができるのです。

インコの目は、顔の左右についています。これは、敵から逃げることを最重視した「防衛型」の目。視野は330度にも及び、首を180度回せることを加味すると、周囲360度、すべてを見渡すことができるのです。

補習授業

もっと知りたい

インコの五感について

もっとも発達している感覚は視覚ですが、そのほかの感覚だって立派に機能しています。ということで、ほかの五感のうち、聴覚、嗅覚、触角について学びましょう。味覚は、38ページをチェックしてください。

テーマ 》 視覚以外のインコの感覚は？

聴覚

聴覚は、人間と同じくらいはあるようです。なお、飛行のときの空気抵抗を減らすために「耳介」をもたず、耳の穴のまわりは「耳羽」という羽毛で守られていて、外からは見えません。

嗅覚

嗅覚はあまり発達していないとされています。ですが、ヒナに人間のにおいがつくと嫌がってヒナを咬んだりすることもあるので、人間並みか、人間以上には発達していると考えられます。

触覚

ふれられると、感覚が羽毛を通って皮膚に伝わり、脳によって快感や不快感が判断されます。痛みを感じる器官も全身にありますが、人間より数が少ないため、ややにぶいようです。

まとめ

やはり、五感の中では視覚がずば抜けて発達している。聴覚や嗅覚は人間並みか少し上まわっており、触覚は人間よりもにぶい。

5 からだ

□□□□は第三の足といわれる

答え合わせ

クチバシ

器用に動かしているのを見ると、**つばさ**や**羽**と答えたくなりますが、残念！　……えっ、趾(**あしゆび**)ですか？ インコのつま先のことですね。不正解ですがインコにおくわしいのですね！

インコのクチバシは、**上クチバシの先が下向きに曲がっているという特徴**があります。クチバシは上下共に先がとがっていて、そのおかげで固いものでもうまく割ることができるのです。

クチバシは「第三の足」としても使われています。２本の足とクチバシを使って、ケージをのぼる愛鳥を見たことがある方も多いのではないでしょうか？　つまり、あなたの手に乗った愛鳥がクチバシを使おうとしているなら、それは咬むためではなく、３つ目の足として使おうとしている可能性が高いのです！

見えなくたって□はある

答え合わせ

鼻

目、羽、口、足。ぜーんぶ、見えています。正解は鼻！　それ以外の答えなんて……えっ、耳？　たしかに耳は耳羽に隠れていますね。これは1本とられました。耳も正解としましょう。

インコの鼻には、大きく2つの種類があります。ひとつは、セキセイやオカメなどに見られる、ロウ膜（鼻孔）をもち、鼻が外に露出しているパターン。これは、乾燥地帯に住むインコに多い鼻の形になります。

もうひとつが、コザクラやボタンなどに見られる、鼻孔が羽毛に隠れているパターンで、雨量が多い地域に住むインコに多いです。なお、コザクラやボタンの鼻の穴が急に丸見えになっていたら要注意！　体調が悪くて、鼻水が出ているのかも。よく観察してあげてくださいね。

□□を持ち、意外とグルメ

答え合わせ

味蕾

少々難しかったかもしれませんね。**味覚**と答えた方は△とさせてください。**味覚受容器**や**味細胞**とお答えの方、博識なんですね！　お宅のインコさんも、尊敬のまなざしで見ていますよ！

味蕾《みらい》とは、脊椎動物の舌に存在する、味覚を感じとる器官のことです。人間よりは少ないものの、インコも口の上の部分やのどに味蕾をもちます。

味蕾が少ないなら、味覚も発達していないのでは？　と思われるかもしれませんが、実際には甘いものを好むほか、舌触りや咬んだときの感触などにもこだわる、グルメなインコが多いよう。なお、好みは幼いころに定着するといわれています。ヒナから育てる場合は、いろいろ与えて、何でも食べられるインコを目指しましょう。

8 からだ

□□を切られると飛びづらい

答え合わせ

羽

これはサービス問題だったかもしれませんね。**つばさ**と答えた方も、文字数はともかく正解です。飛ぶことはインコのアイデンティティーですが、アメリカでは羽を切るのが主流のようですよ。

飛行能力を制限するために羽を切ることを「クリッピング」といいます。クリッピングには賛否両論あり、「事故を防げて、攻撃性の低下にもつながる」と賛成する声もあれば、「鳥本来の能力を大切に」と反対する声も。

実行する、しないは、飼い主さんの考えによるところが大きいですが、自分で羽を切るのはNG。切る位置を間違えると、飛行能力が制限できなかったり、切りすぎて羽がパラシュートの役目も果たせなくなり、大ケガにつながったりします。鳥にくわしい獣医師にお願いしましょう。

9 からだ

□□が見分けづらい鳥種も

答え合わせ

性別

雄雌とお答えの方も正解！　**表情**と答えた方、見分けづらいですか……？　よーく観察してみてくださいね！　えっ、**飼い主**？　大丈夫！　飼い主さんのこと、ちゃんとわかっていますよ。

インコの性別を見分ける方法は、鳥種によってさまざま。セキセイは「オスはロウ膜全体の色が同じで、メスは鼻孔のまわりが白っぽい」、コザクラなら「メスは頭が扁平でクチバシが広い」なんていわれています。ですが、**正確に性別を見分けるのは専門家でも難しく、「オスを迎えたつもりが、卵を産んだ！」というケースも珍しくありません。**

　ところが、なかには性別をひと目で見分けられる鳥種も。代表的なのが、大型のオオハナインコ。羽の色が、オスは緑、メスは赤とまったく異なるのです。

10 からだ

□を締められると苦しいの

答え合わせ

胸

こちら、ヨウム校長の引っかけ問題です。首とお答えの方、残念！　インコは、首を絞められても呼吸に影響はないんです。でも、胸を絞められると呼吸できなくなっちゃいます……。

飛行という重労働をこなすには、一度の呼吸で酸素をたくさん得る必要があります。そのために使われるのが、インコの胸にある9つの「気嚢《きのう》」。体内に入った空気は、まず気嚢に蓄えられます。気嚢の働きで、空気のうち酸素のみが肺に取りこまれ、二酸化炭素は「前胸《ぜんきょう》気嚢《きのう》」から外部に排出されるのです。

なお、インコののどは一度に大量の空気を交換するために、開きっぱなしです。そのため、首が絞まっても呼吸は可能ですが、気嚢が密集している胸が締まると呼吸ができなくなります。

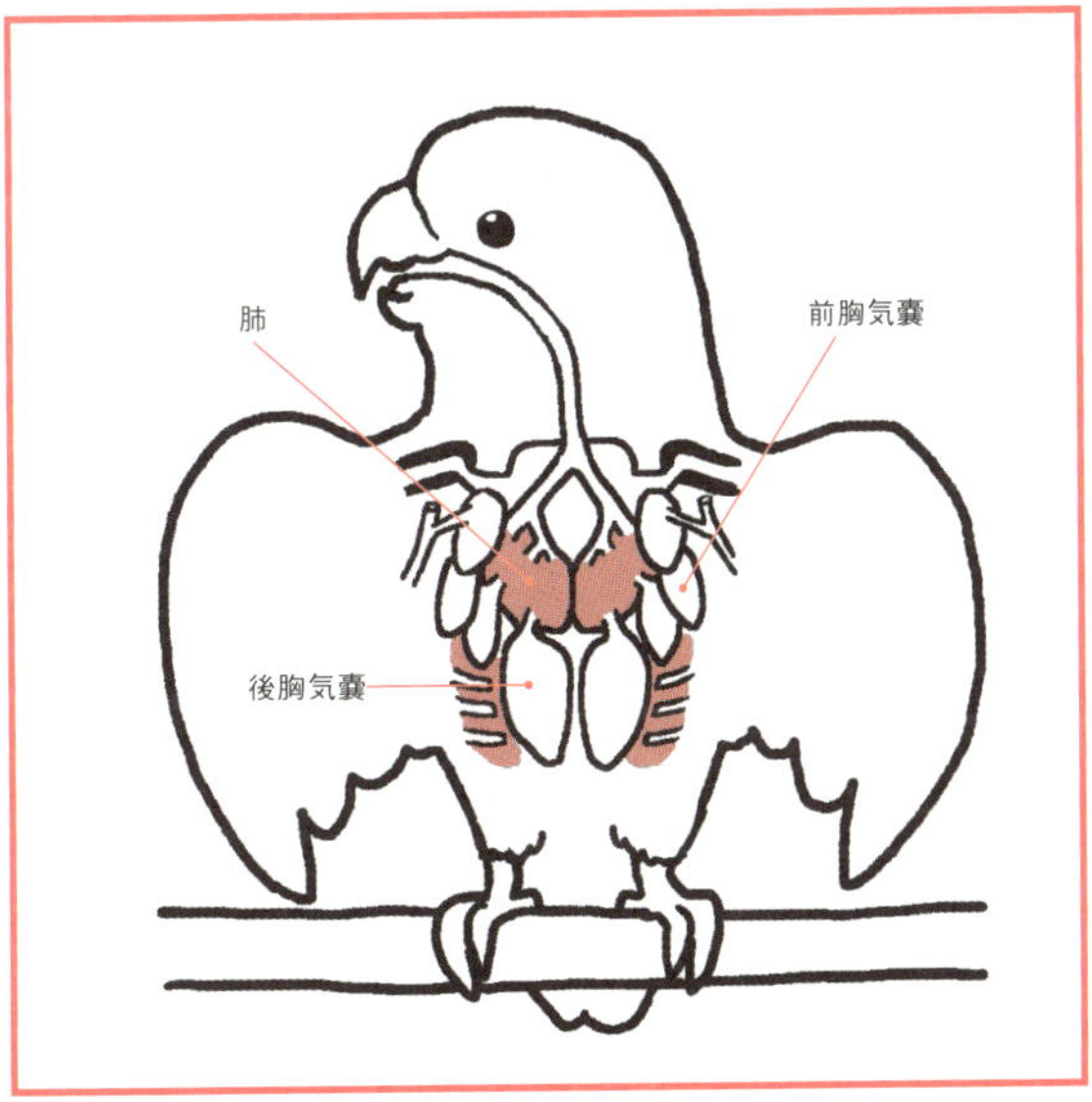

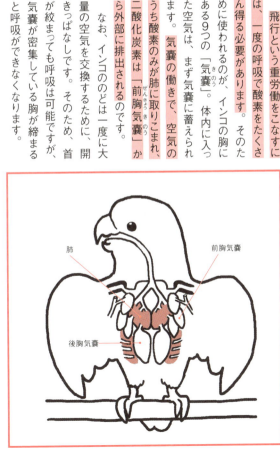

11 からだ

膀胱はなく、□□□□がある

答え合わせ

総排泄腔

総排泄腔、人間の飼い主さんには少々なじみがない言葉かもしれませんね。**肛門**はありますが、文字数が……。△です。えっ、**こうもん**？無理やり4文字にしたって、△ですからね！

空を飛ぶためには、できるだけ体を軽くする必要があります。そのため、できるだけ体内に不要なものは溜めたくないのでしょう。**インコの大腸は非常に短く、また膀胱ももちません。**消化吸収を終えた食べものの残留物は、ただちにフンとして排せつされるのです。

人間にはない器官として、インコには「総排泄腔」があります。**消化器系、泌尿器系、生殖器系のすべては、総排泄腔でつながり、肛門から排せつされる**のです。メスの場合、卵も総排泄腔を通り、肛門から産みます。

体から、□□という白い粉が出る

答え合わせ

脂粉

フケとお答えの方も正解です！　脂粉《しふん》は、フケのようなものですから。「白い粉」なんて聞くと、ちょっぴり怪しいものが思い浮かびますが……決して危険なものではありませんよ！

オカメインコなど、白いインコ（オウム）の体から出る粉は、「脂粉《しふん》」と呼ばれます。フケのようなものですが、まだわかっていないことも多く、「防水の役割を担っている」なんて説も。いずれにせよ、出て当たり前のものなので、心配しなくても大丈夫ですよ。ちなみに、「香ばしいにおいがする」と、脂粉には一定のファンもついているよう。

なお、大型のキバタンやタイハクオウムなどは、脂粉の量も膨大！　しっかり掃除しないと、ケージの中が真っ白……なんてことにもなりかねません。

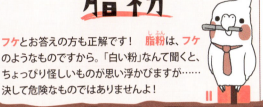

13 からだ

羽づくろいのとき、□を使う

答え合わせ

脂

クチバシ(嘴)とお答えの方、いらっしゃいますか? うーむ、何も見ずに漢字で書けたら、正解としましょう。**羽脂腺**《うしせん》や**尾脂腺**《びしせん》とお答えの方、もしやインコ博士なんて呼ばれているのでは⁉

インコの腰の上部をよく見てみてください。小さな突起があるのがわかりますか? これは、**「羽脂腺《うしせん》」、または「尾脂腺《びしせん》」と呼ばれ、脂成分が分泌される場所。**インコは**羽づくろいをするとき、クチバシにこの脂をつけて体中に行きわたらせ、羽を防水仕様にする**のです。ただし、オカメやボウシインコは、この機能があまり発達していません。

なお、この脂はお湯で溶けやすくなっています。そのため、お湯で水浴び(172ページ)させるのは厳禁。撥水できず、風邪をひきやすくなるからです。

14 からだ

□は抜けることもある

答え合わせ

羽

正解は**羽**。それ以外の体のパーツをお答えの方、もしそんな場面に遭遇したら、病院に連れて行ってくださいね。……あっ、**気**が抜けちゃうこともあります。リラックスしてる証拠ですね♪

インコの体重のおよそ10％が羽毛です。羽は大きく2種類に分かれ、皮膚に近いところやもものあたりに生えている、保温用の「綿羽（ダウン）」と、水を弾いたり（体羽）飛んだりするための（風切羽）の「正羽（フェザー）」があります。

インコの羽毛は、定期的に生え換わります。これを「換羽」と呼び、羽毛が一気に抜ける時期を「換羽期」といいます。ただし、室温が1年を通じて一定に管理された飼い鳥の場合、明確な換羽期がなく、1年中だらだら抜け替わる子も多いです。

15
からだ

平熱はなんと□度もある

答え合わせ

40

36度など、人間の平熱に近い数字をお答えの方、残念！　インコは、人間よりずっと体温が高いのです。ためしに、愛鳥をてのひらでそっと包んでみて。……ね？　あったかいでしょう？

インコは、緊急時にすぐに飛び立てるよう、つねに体を「ウォーミングアップ」の状態にしています。そのために、インコは食べたものをすぐに燃焼させ、高い体温をキープしているのです。平熱は、人間より5度ほど高く、40〜41度もあります。

つまり、インコの食欲と体温は、密に関係しています。病気になって食欲が落ちると、いっしょに体温も低下→さらに食欲が落ちる……と悪循環になってしまうのです。インコの体調が悪いときは、こまめな栄養補給と適切な保温が重要になります。

インコは□□がとても器用

答え合わせ

足

人間なら**手先**と入るのでしょうが、インコは手をもちません。**クチバシ**？　**舌**⁇　たしかにこれらも器用ですが、正解は**足**。インコの**足**は、人間の手に近い働きをするのです。

愛鳥の足をよーく見てください。4本の趾《あしゆび》が、前方と後方に2本ずつ配列しているのがわかりますか？　これを「対趾足《たいしそく》」といい、鳥のなかでも、インコが属するオウム類と、キツツキ類、カッコウ類にしか見られません。

インコの足が自在に動き、枝を握ったり、木の実をつかんで口もとに持っていったり、オモチャで器用に遊んだりできるのは、この対趾足のおかげです。

なお、インコのつめも人間と同じように伸びます。伸び方には個体差がありますが、長すぎるようなら切ったほうが◎。

□□性の物質はとても危険！

答え合わせ

揮発

有害性や**化学**性の物質……とするのも間違いではありませんが、これらは人間にとっても危険なもの。ここでは、「インコにとって非常に危険」な、**揮発**性物質について説明します。

インコの嗅覚は、それほどよくはありません。とはいえ、「好みのにおい」などはあって、ある程度は感じとれるようです。

ただし、**アロマオイルやネイルなど、揮発性の物質への反応はとても強いので、十分注意**を。これらを吸いこむと、**体内で分解できずに中毒症状を起こし、命を落とすことも**あります。

また、ガスによる事故も多いです。とくに、フッ素加工、テフロン加工のフライパンを空焚きすることで発生するガスを吸って、命を落とす鳥が少なくありません。十分注意しましょう。

INKO DRILL

3

時間目

インコのきもち

飼い主さんが「インコのきもち」をどれだけ理解しているか、

84問の穴埋め問題で確認してみましょう！　3時間目は、

表情、鳴き声、しぐさなど、6つのパートに分かれています。

飼い主さんの気を引くには？

キョロロロー
ピィーッ
ピョイーょ
みなさん
それでは
甘いです！
オカメ
先生！
飼い主さんが
側に来てくれて
かつ褒めてくれる
方法は こうです！
おぉー！
いえいえ
まだ甘いですっ
ぬっ
飼い主さんの言葉を
しゃべれば 確実に
褒めてもらえますよ!!
ヤッホ
コッチ
オイデ
ドコイクノォー??
ヨ…ヨウム
校長!?

課題1 表情から読みとろう

インコは表情筋がほとんど発達していません。これは、飛ぶための筋肉以外を、できるだけ軽量化したためだと考えられます。そのため、インコの表情を見るときは、パーツの動きだけでなく全身を見ることが大切です。

インコの表情チェックポイント

冠羽

オカメなど、冠羽があるインコは、こちらも要チェック。感情に合わせてパタパタと動きます。

目

インコの目は、「穏やか」「緊張している」の、大きく2つに分かれます。両目で見ているか、片目で見ているかにも注目してみましょう。

全身

表情筋が乏しいインコですから、全身で感情を表現します。82ページ～のしぐさも合わせて気持ちを読みとりましょう。

クチバシ

穏やかな気持ちのときはうっすら開かれます。怒りMAXになると、カッと大きく開き、威嚇します。

1 表情

正面から見るのは、□□があるから

答え合わせ

興味

関心と答えた方も正解です！　その**興味**や**関心**は、かならずしもポジティブなものとは限りませんが、飼い主さんをじっと見ているなら、「大好き♡」だと考えていいと思いますよ♪

興味や関心があるものを正面からじっと見据えるのは、人間と同じです。もちろん、「あれは何？　おもしろそう！」とワクワクした気持ちのときもあれば、反対に「なんだか怖い。確認しないと……」とネガティブな気持ちで見ていることもあります。しぐさなどと合わせて、総合的に見るようにしましょう。

見ている対象が飼い主さんなら、「大好き♡」という気持ちか、「遊んで！」「お腹空いた！」などの要求かも。いずれにせよ、愛鳥とのコミュニケーションのチャンス！　ぜひ反応してあげて。

表情

2

片目のほうが□□□□見られる

答え合わせ

じっくり

しっかりやきちんと、ゆっくりとお答えの方も大正解！　ササッと、パパッとなどと回答された方は、残念……！　インコの目のしくみを覚えてくださいね。

インコが何かを横目で見ていると、つい「あまり興味がないのかな？」なんて思いがち。ですが人間とは違って、インコの目は、片目で見たほうがより細部まで見られるつくりをしています。両目で見ると、長いクチバシが邪魔になり、対象物との間に距離ができてしまうことも、理由のひとつ。片目のほうが、よりじっくりと観察できるのです。

　ですから、新しいオモチャを与えて顔をそむけても、決して「いらないのかな？」なんて思わないでくださいね。夢中になって観察している最中ですから！

目を見開くのは□□□な反応

目をカッと見開くのは、驚いたり恐怖を感じたりしたときに見せる、生理的な反応です。大きな音や見慣れないものなど、近くにインコがこの反応を見せるに至った原因があるはず。

目を見開いている時点でインコは相当衝撃を受けていますから、たちまち空を飛んで逃げるケースがほとんどでしょう。ケージの中など、インコが自ら逃げられない場所にいるときは、飼い主さんの出番！　愛鳥が恐怖でパニックを起こす前に、飼い主さんが原因を取り除いてあげてくださいね。

答え合わせ

生理的

ハッピーな、リアルな、不本意な……。みなさんの豊富なボキャブラリーにおどろきです！　でも残念、答えは生理的。人間がびっくりしたときに、つい目を見開くのと似ているんです。

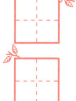

瞳孔が縮むのは、□□度MAX！

瞳孔（黒目）がキューッと縮**むのは、インコが興奮しているサインです。**「やんのか、コラァ！」と、ちょっぴり攻撃的になっています。手を出すと、つつかれたり、ガブッと咬まれる可能性が高いので、くれぐれも手は出さないようにしましょう。

なお、オスの場合は、**発情期を迎えると、ホルモンバランスが変化して攻撃性が高まる**ことがあります。発情は、年に1～2回程度なら問題ありませんが、定期的にくり返すなら「過発情」で、よい状態ではありません。飼い主さんが対策を（190ページ）。

答え合わせ

興奮

○○度に当てはまる言葉はいろいろありますが、正解は**興奮**度です！　**難易**度、**自由**度、**好感**度、**温**度、**速**度……。飼い主のみなさま、大喜利じゃないんですから！

5

表情

瞳孔の開じ開きは□□□□の表れ

インコの瞳孔（黒目）が開いたり小さくなったりするのは、新しいオモチャなど、未知の刺激にふれたときに見られます。「気になる、でもちょっと怖い」と、葛藤しているのでしょう。脳が活性化し、知的好奇心がうずうずしている証拠。ぜひ、思う存分観察させてあげて。

ちなみに、頻繁にこのサインが見られるインコは、好奇心旺盛で、物覚えがよい子が多いです。歌や言葉を覚えてほしいという飼い主さんは、ヒナを選ぶとき、瞳孔をチェックするとよいかもしれませんね。

答え合わせ

葛藤

興味や**意欲**とお答えの方も正解です！　ポジティブ半分、ネガティブ半分……という状態ですから、**ハッピー**や**好意**、**恐怖**や**悲哀**などの回答は△といったところでしょうか。

三角の目は□□□いるとき

答え合わせ

怒って

楽しんで、**喜んで**など、ポジティブな感情をお答えの方、残念。人間でも「目を三角にして怒る」なんて言われることがありますが、インコも同じ。正解は、**怒って**いるのです。

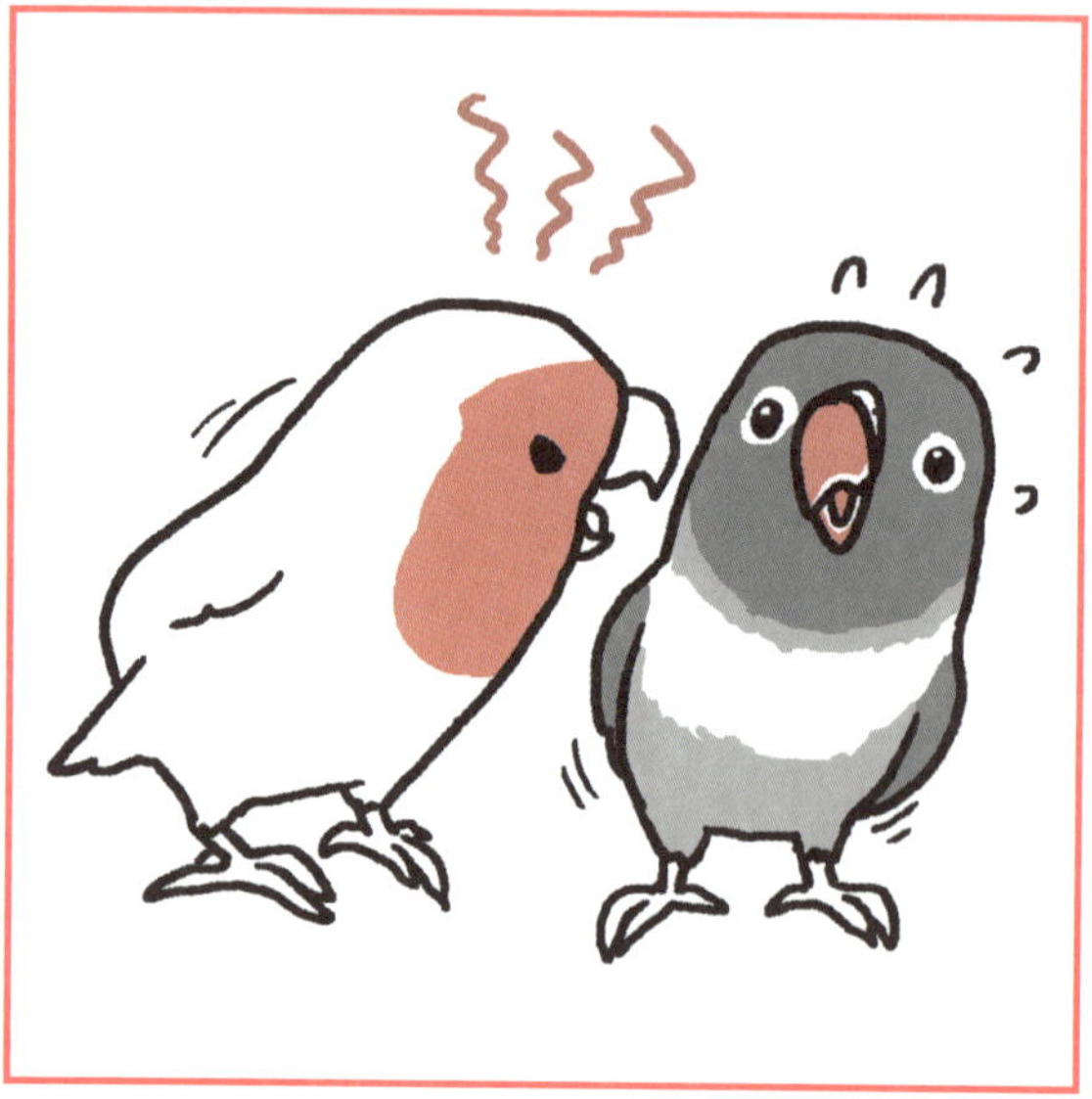

インコがもっとも頻繁に伝えるのは、「NO」という感情です。目を三角にすることで、「怒っているよ！」と相手に伝え、威嚇します。インコ暮らしが長い飼い主さんなら、インコが意外と怒りっぽいことはご存じですよね。

　この表情を見せるのは、機嫌が悪いとき、「来るな」とけん制するとき、怖い気持ちを悟られたくないときなどさまざま。**インコは表情筋が乏しいため、すべてこの表情になる**んです。だから、すごい剣幕で怒って見えても、「少々機嫌が悪いだけ」なんてケースも少なくありません。

7 表情

目をそらすのは□□□□ため!?

壁をかじかじ、イタズラ中のインコ。それを見た飼い主さんが「コラッ」と叱ると、ぷいっと壁紙から目をそらす……。これは、「え？ 壁紙になんか興味ないんですけど、何か？」と伝えようとしている可能性大。つまり、**イタズラをごまかそうとするしぐさ**です。

とはいえ、34ページでもお話ししたように、インコの視野はほぼ360度。**顔をそむけたところで、本当に視界に入っていないわけではありません**。飼い主さんにわかりやすいように「ポーズ」をとっているだけなのです。

答え合わせ

ごまかす

いろいろな言葉が当てはまりそうですね。模範解答は**ごまかす**ですが、似た言葉の**あざむく**、**とりつくろう**でも意味合いは正解。でも、あざむくなんて、そんな大仰なことじゃないですよ！

8 表情

クチバシを大きく開いて□□□□！

答え合わせ

威嚇

58ページのイラストのコザクラが口を大きく開いていることがヒント。つまり、**威嚇**しているのです！　文字数はだいぶオーバーしますが、**怒りMAX**などでも正解になります。

クチバシをカッと大きく開くのは、威嚇や怒りを表します。ですが、気持ちはクチバシだけでは表現できません。クチバシが大きく開くとき、目もまた三角形になっているはずです。

怒りの原因はいろいろですが、**思い通りにならないときに怒る子が多い**です。たとえば、「欲しいものがもらえない」「飼い主さんが自分ではない子を構っている」などです。とはいえ、インコの怒りは、「熱しやすく冷めやすい」のが基本。火がついても、ものの数秒で平然としている、なんてこともしばしばです。

答え合わせ

ちょうだい

それ欲しい、食べたいとお答えの方も意味としては正解！　何かを食べたいときに「あーん」と口を開けるのは人間も同じなので、おわかりの方も多かったのではないでしょうか。

舌を伸ばして□□□□□！

口を開いていても、目がおだやかであれば、怒っているわけではありません。舌が伸びているなら、飼い主さんが持っているものを「ちょうだい！」とねだっているのでしょう。ねだるのは食べものだけではなく、おもしろそうなオモチャなどでも、同じ方法で表現します。

ところで、インコの舌は筋肉のかたまりで、人間のように自在に動かすことができます。クチバシで何かを受けとるときも、よく見ると、上クチバシと舌でじょうずに挟んでいるのがわかるはずです。

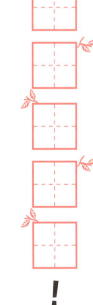

10 表情

□□□□□と、口もとがゆるむ

答え合わせ

気持ちいい

心地いい、気分がよいなどでも意味は正解！ なお、口をうっすら開きつつ、つばさも広がっている場合は、暑すぎるが正解に！　異なる感情になるので、よーく観察してくださいね。

カキカキなどをしたとき、口もとがゆるんでうっすら口を開くのは、気持ちいいからです。リラックスして、クチバシの筋肉が弛緩しているのでしょう。そんなときは、目が閉じ気味になり、表情もうっとりしているはず。この姿が頻繁に見られるなら、飼い主さんはゴッドハンドをおもちなのかもしれませんね！

とはいえ、なですぎには注意が必要です。なでるという行為は、インコがつがい同士で行う羽づくろい（146ページ）に似ているため、発情を誘引してしまうことがあるからです。

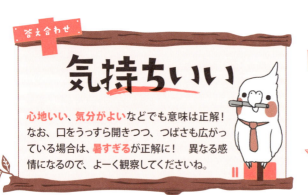

答え合わせ

リラックス

まったりやのんびりなど、リラックスと近いニュアンスの言葉なら意味としては正解です！　お怒り、遊びに夢中などとお答えの方は残念。激しい感情を伴うしぐさではないのです。

11 表情

冠羽が寝るのは□□□□□中

オカメやキバタンは、頭に冠状の毛束「冠羽」が生えています。冠羽は、犬や猫のしっぽとも似ていて、インコ自身の意志とは関係なく動きます。だからこそ、よく観察することで、インコの本音が見える部分なのです。

まずは、冠羽が動かずにぺったりと寝ているパターン。これは、**リラックスして、のんびりしたい気分**なのでしょう。冠羽がこの状態のときは、ちょっかいを出すのはガマンして。**無理に構おうとすると、「気持ちを理解してくれない人！」と思われてしまう**かもしれませんよ。

気持ちが□□□と冠羽が立つ！

答え合わせ

高ぶる

落ちつく、**鎮まる**など、「静」をイメージする言葉を当てはめた方、残念ながら間違いです！冠羽が立つのは、気持ちが高ぶっている証拠。**盛り上がる**でも、文字数はともかく正解です。

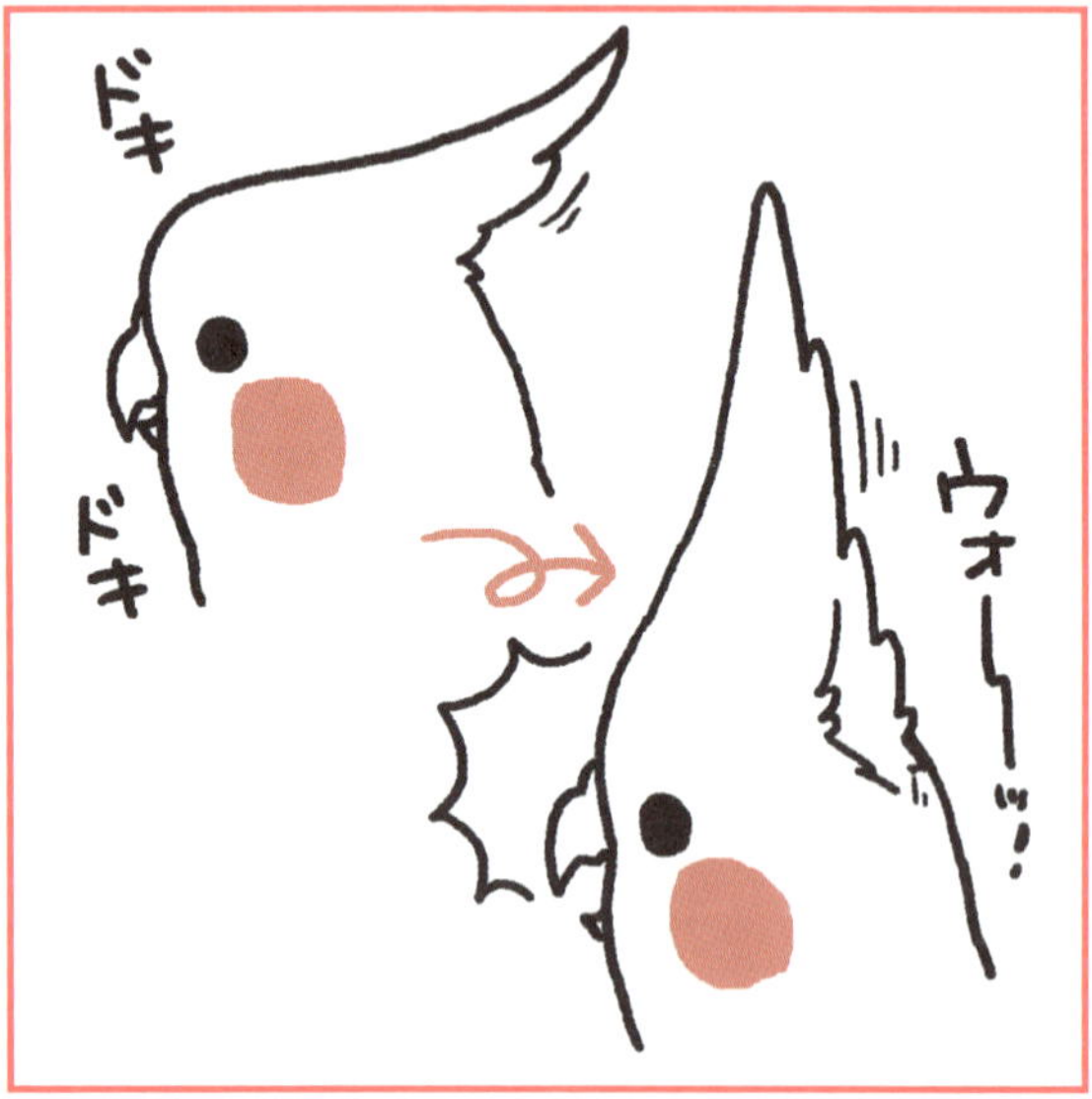

リラックスモードのときにぺったりと寝る冠羽（63ページ）は、**気持ちの高ぶりとともに、ぴょこんと立ち上がります**。この高ぶりの内訳はさまざまで、興味をもってワクワクしていることもあれば、びっくりしたり、恐怖心をもっていたりと、不快感を抱いていることもあります。怒っているときに冠羽を立てることもありますが、これは自分を大きく見せることで、相手を威嚇しようとしているから。

なお、冠羽が少しだけ立つのは、「ちょっとイヤだな」と、不安を感じているからです。

冠羽の揺れは、心の□□□□

答え合わせ

揺れ

葛藤でも正解です！　「そのまんま」すぎて逆にわかりづらかったかもしれませんね。３問続けて「冠羽」に関する問題をお届けしましたが、正解の方が多かったのではないでしょうか？

リラックスしているときは寝て、気持ちが高ぶると立ち上がる……。冠羽は、心の状態と同じように動くもの。

ということで、冠羽が立ったり寝たりをくり返している場合は、心もまたユラユラと揺れています。新しいオモチャを見て、「気になるけど怖い」「近づきたいけど逃げたい」など、相反する気持ちで、どう行動すればいいかわからなくなっているのでしょう。飼い主さんが「安全だよ」と教えてあげれば、「やってみよう！」とポジティブな気持ちになってくれるはずですよ。

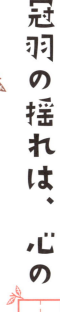

課題2 鳴き声から読みとろう

インコが鳴くのは、人間がおしゃべりするのと同じ意図で、仲間とコミュニケーションをとるため。鳴き声ごとの気持ちは67ページから紹介しますが、声の高さや大きさだけでも、ある程度は気持ちを読み解けますよ。

インコの鳴き声チェックシート

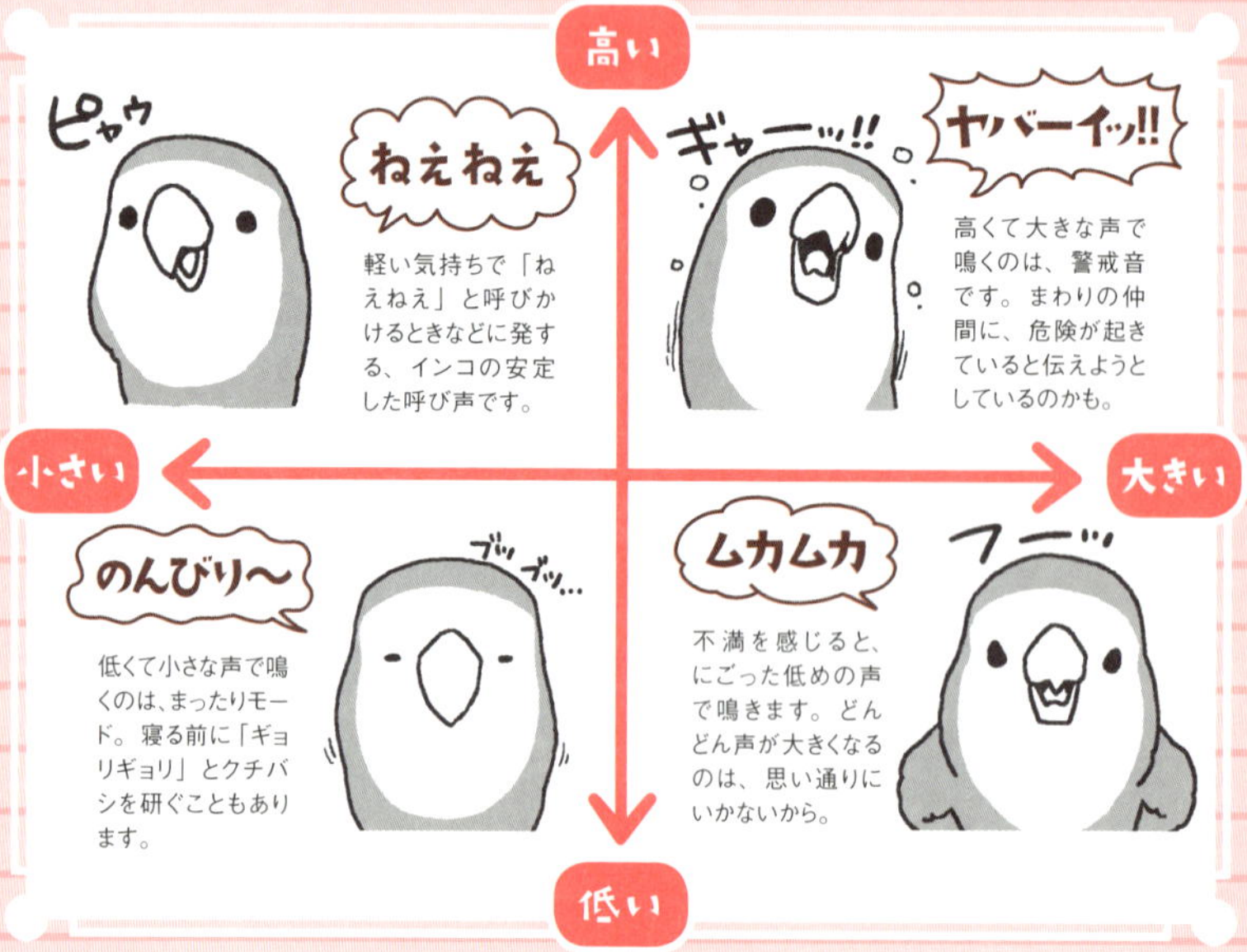

高い
低い
小さい
大きい
ピャウ
ねえねえ
軽い気持ちで「ねえねえ」と呼びかけるときなどに発する、インコの安定した呼び声です。
ギャーーッ!!
ヤバーイッ!!
高くて大きな声で鳴くのは、警戒音です。まわりの仲間に、危険が起きていると伝えようとしているのかも。
のんびり～
ブツブツ…
低くて小さな声で鳴くのは、まったりモード。寝る前に「ギョリギョリ」とクチバシを研ぐこともあります。
ムカムカ
フーッ
不満を感じると、にごった低めの声で鳴きます。どんどん声が大きくなるのは、思い通りにいかないから。

インコの鳴き声には種類がある！

インコの鳴き声は、大きく分けて、仲間の存在を確認する「地鳴き」、求愛やなわばり確認のための「さえずり」、怒りを表したり、威嚇したりするときの「警戒鳴き」の3つに分けられます。愛鳥の鳴き声がどの種類の鳴き方か、聞き分けてみましょう。

1 鳴き声

ピョロロロは□□□□のサイン

答え合わせ

愛してる

大好きなども意味は大正解です！　人間は**愛してる**の気持ちを、ブレーキランプ(?)などを使ったりして、遠まわしに伝えることもあるそうですが、インコはもっと素直に伝えるのです♡

インコは「愛」にあふれた動物です（20ページ）。愛の伝え方もとても情熱的で、「ピョロロロ」と美しい声でさえずります。また、「これからこの場所で子育てをしますよ！」と、周囲に対してなわばりを伝える意思表示であるとも考えられています。

愛を伝えるのは、インコに対してだけではなく、飼い主さんにもアピールすることがあります。この声を聞けたら、「愛されてるな～」と思ってOK！

なお、愛をアピールするのは、基本的にはオスのみ。メスはあまり鳴きません。

呼び鳴きはあなたの□□□□ため

答え合わせ

気を引く

目覚めのと答えた方は、自分で起きましょう。
ことが好きななんて、文字数を考えずに入れちゃったあなた、嫌いじゃありませんよ……!!
笑顔のと入れた方は、つわものですね。

インコが、大声で「ピーピーピーッ」と鳴くのに、困っている飼い主さんが多いようです。これは、「呼び鳴き」といって、あなたの気を引くための行動。不満や不安を抱き、「ねぇっ、聞いてよ!!」と、つい声が大きくなるのでしょう。このとき、飼い主さんが反応をすると、「呼べば来てくれるんだ」と学習して、エスカレートする可能性大！

なお、生まれつき声が大きい鳥種もいます。コザクラやボタンなどのラブバードや、ワカケホンセイインコ、大型のインコなどは、大声を覚悟してお迎えを。

呼び鳴きをやめてほしい！

飼い主のAさん

わが家のコザクラちゃん、呼び鳴きがすごいんです！「やめなさい」って言っても、日ごと激しくなるばかりで……。かなり大きな声になってきたので、やめてもらいたいんですが（涙）。

許容できる声をきちんと教えましょう

呼び鳴きに反応すると、声は大きくなるばかり。側に寄るだけでなく、にらむだけでも反応になるので、“許容できない”レベルの大声のときは、ノーリアクションの徹底を。そのうえで、「ここまでならOK」という、“許容できる”声を教えます。まずは、飼い主さんが「チッチッ」と鳴くなどのお手本を見せ、マネをさせて。この声で呼ばれたときにリアクションをとれば、大声で鳴かなくなりますよ。

えーっ、愛しの飼い主さんとのラブラブタイムのつもりだったのにな……。でも、困っているなら仕方ないわね。ちょっとだけ控えてあげるわ！

インコに質問！

呼び鳴きしたくなるとき Best 3

1位 退屈だから
「ケージの中ってひま…」「遊んでほしい！」

2位 さみしいから
「だれもいないのって、不安なんだもんっ」

3位 おなかが空いたから
「エサ入れが空だよ！」「先に気づいて!!」

□□□□すると、チッチッと鳴く

答え合わせ

ワクワク

興奮とお答えの方も意味は正解です！　人間の場合、「チッ」と舌打ちするのはネガティブな感情。つい**イライラ**や**ムカムカ**と入れたくなりますが、じつは楽しんでいるときの声なのです♪

地鳴きの一種で、インコが興奮したときについこぼれてしまう、ひとり言のようなもの。とくに、好奇心旺盛なインコがこの声を出すことが多く、おもしろいものを見つけて、「あれで遊んだら楽しそうだな〜♪」なんてワクワクしているのです。

ところで、好奇心が旺盛なインコは、物覚えがよかったり、ひとり遊びが得意だったりしますが、少々飽きっぽい一面もあります。つねに好奇心を満たせるように、週替わりで新しいオモチャを与えるなど、飼い主さんが工夫してあげてくださいね。

ギャッと鳴いて□□感を伝える

気に入らないオモチャを近づけられたり、不快な場所をさわられたり、楽しんでいるときに邪魔されたりしたとき、インコは「ギャッ」と短い声をあげることがあります。これは、「やめろよっ」という、抗議の声です。

もし、インコと接していて「ギャッ」と鳴かれたら、飼い主さんの行動が相当気に入らないのでしょう。すぐにやめてあげて。インコの怒りは、熱しやすく冷めやすいのが基本ですから、すぐに対処して嫌がる行動を止めれば、「まあ、いっか」と、怒りを鎮めてくれますよ。

答え合わせ

不快

人間の場合、「ギャッ」と叫ぶのは驚きの気持ちが主だっていますが、インコに当てはめると△といったところ。**不快**感や**抵抗**感など、拒絶を表す言葉を入れた方は、花丸です！

5 鳴き声

ギャーッと鳴くのは強い□□の表れ

答え合わせ

拒絶

続いては、「ギャッ」よりもっと悲壮感の伝わる、「ギャーッ」という叫び声。人間に当てはめて**恐怖**と答えたくなりますが、どちらかというと**拒絶**や**怒り**の訴えをふくんだ声なのです。

ちょっとした不快感より、さらに**強い拒絶の訴えをするとき、インコは「ギャーッ」と雄叫びをあげます**。この声が聞かれたときは、怒りMAX！ もし、飼い主さんにこの声をあげたなら、一刻も早くフォローしましょう。放っておくと、インコに本格的に嫌われかねません。

なお、インコは基本的には怒りをすぐに鎮めてくれますが、**何度も不快な思いをすると、怒りを溜めこんで爆発させる**ことがあります。その場合、かなり長い期間、時には一生相手を許さないこともあるんですよ。

6 鳴き声

フーッと鳴くのは□□MAX!

答え合わせ

怒り

不快、拒絶ときて、お次の答えは**怒り**。「インコって怒りっぽいの?」なんて声が聞こえてきそうですが、否定しきれないんですよね〜。**興奮**や**テンション**とお答えの方は、△です!

「フーッ」と息を吐いたときのインコの顔を見ると、羽毛がぶわっと膨らんでいるはず。これは、**インコの怒りが最高潮に達しているときの鳴き方**。飼い主さんに原因があるときは、ひと言謝り、しばらくそっとしておいて。構おうとすると、ガブッと咬まれる可能性が高いです。

なお、**飼い主さんがインコに「フーッ」と息を吹きかけても、インコは怒っていると認識**します。むやみに息を吹きかけるのはNGですが、時にはこの方法で、「怒っているよ!」と伝えてもよいかもしれませんね。

7 鳴き声

□□□なると、ケッケッと鳴く

答え合わせ

強気に

楽しく、**うれしく**とお答えの方は、人間に当てはめて、「笑っているのかな?」と思われたのかもしれませんね。ですが、じつは正反対！「やんのか⁉」と**強気に**なったときの声なのです。

「ケッケッ」と鳴くのは、ケージの中など、なわばりにいるときがほとんど。**インコは自分のなわばりにいるとき、強気モードに入ります。**そして、なわばりに侵入しようとする相手に向かって、「入ってくるなよ！」と威嚇するのです。

ところで、人間と同じように、強気のときのインコの声は大きくなるので、「ケッケッ」という鳴き方もまた大きくなりがち。もし、インコが小さく「ケッ」と息を吐くなら、それは咳かもしれません。長く続くようなら、獣医師に相談しましょう。

ククッは□□□ときに出る声

答え合わせ

楽しい

お隣の74ページを経て、「ククッ」も**怒った**ときや**強気の**ときの声と想像した方もいらしたかもしれませんね。ですが、こちらは**楽しい**が正解！　笑っているみたいでかわいいでしょ♡

「ククッ」と声がこぼれるのは、人間が幸せなとき、つい「ふふっ」と笑ってしまうのと同じ。楽しい気持ちが、ひとり言となって表れたものです。お気に入りのオモチャで遊んでいるときなどに耳をすませば、この声が聞こえるかもしれませんよ。

なお、〝いっしょ〟が大好きなインコは、**家族みんなでおしゃべりしているときにも、「ククッ」とハッピーな気持ちを伝えてくれる**ことがあります。そんなときは、「楽しいね」と声をかけて、喜びを共有してください。愛鳥との絆がもっと深まりますよ。

鳴き声 9

しゃべるのは□□□□ほしいから

答え合わせ

構って

褒めて、**喜んで**などとお答えの方も正解です！ウラを返せば、飼い主さんの反応がないとおしゃべりは上達しないということ。おしゃべりはコミュニケーションの一環なんですよ。

インコは、飼い主さんをよく観察しています。そのうえで、人間の声や言葉が、仲間とコミュニケーションをとるための「さえずり」だと認識すると、自分も同じ声を出せるように練習をするのです。つまり、インコがおしゃべりをする動機は、飼い主さんに構ってもらうため。反応が得られれば、さらに一生懸命練習するようになります。

なお、おしゃべりが得意なインコもいれば、ニガテなインコもいます。セキセイやマメルリハ、ウロコ、ヨウムなどはおしゃべりじょうずな子が多いようです。

補習授業

もっと知りたい

おしゃべりトレーニングについて

どうしてもインコとの会話を楽しみたいなら、お迎えのときに、おしゃべりが得意な鳥種を選びましょう。それから、インコがしゃべる動機をつくることが大切！では、インコと会話を楽しむコツをお教えします。

テーマ)) インコにおしゃべりを教えるコツは？

コツ1
言葉に気持ちをこめて

言葉はコミュニケーションツールなので、気持ちがこもった言葉は、インコの覚えもよくなります。反対に、感情のない言葉やCD音声には、あまり反応しません。

コツ 2
離れた場所から声がけ

ケージから少し離れた場所から話しかけることが大切。直接スキンシップしているときは、必要がないのでしゃべりません。

コツ 3
まずは高音から

インコは、高音質で響くような声のほうが得意です。最初は女性や子どもが教えたほうが、インコの覚えがよいですよ。

悪口を覚えてしまうインコ続出！

けんかしているときの悪口や、「痛いっ！」などの不意に発する言葉を覚えてしまうインコがいます。これは、感情がこもっていること、発音しやすいこと、声が出たときの状況がドラマチックなことの3つが理由。つまり、この条件がそろった言葉なら、インコが覚えやすくなるんです。

まとめ

おしゃべりインコを目指すには、インコがしゃべる“動機”をつくることが大事。それから、言葉には気持ちをこめること！

ブツブツ、言葉を□□することも

答え合わせ

練習

模範解答の**練習**のほか、**復習**と答えた方も大正解！　覚えた言葉を練習するなんて、健気でかわいいって？　そうなんです。インコってとんでもなくかわいい生きものなんですよ♡

夜になると、インコがブツブツと何かをつぶやいていることがあります。これは、**昼間に聞いた言葉を思い出すための、発声練習**。発声練習をくり返して人間の声音を習得し、いろいろな言葉を覚えていくのです。

なお、完全に**寝ているはずのインコがブツブツ言葉を発するのは、まごうことなき「寝言」**。インコも夢を見ることがわかっていますから、夢の中で飼い主さんとお話ししているのかもしれませんね。起こさないように注意しながら、こっそり聞き耳を立てちゃいましょう。

答え合わせ

反応

こちらも動機はおしゃべりといっしょ。正解は、**反応**や**返答**になります。**ご褒美**とお答えの方、インコはそんなに現金じゃありません……、と言いたいところですが、内容的には正解です。

11 鳴き声

音マネするのは□□があるから

インコの中には、生活音をじょうずにマネする子がいます。鉄板ネタは、インターホンの「ピンポーン」、電話の着信音、電子レンジの「チンッ」、カメラの「カシャッ」、洗濯機の「ピーピー」など、じつにさまざま。とくに、インターホンや電話の音は、**マネをすると飼い主さんが「あれ、だれだろう?」と反応を見せるので、積極的にマネをしたがる**子が多いようです。

飼い主さんの反応が得られないと、インコはおしゃべりや音マネを止めてしまいます。こまめに反応してくださいね。

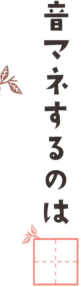

答え合わせ

喜んで

こちらも、考え方はおしゃべり（76ページ）と同じ。**構って**、**褒めて**、**楽しんで**も大正解です！この期に及んで**怒って**もらえる（？）なんて珍回答をされた方は、まさかいないですよね？

12 鳴き声

うたうのは□□□もらえるから

歌をうたうのも、基本的にはおしゃべりなどと同様に、飼い主さんに構ってもらえるから。**覚え方もおしゃべりや音マネといっしょで、耳で聞いた音をくり返し発音して上達します**。うたっている途中でメロディがわからなくなると、自分で作曲して、適当に節をつけることも。また、モノマネではなく、単にご機嫌なときにオリジナルソングを歌うケースもあります。

なお、歌はおしゃべりよりも難易度が低いようで、オカメなどは、言葉は苦手でも歌はじょうずという子が少なくありません。

インコ4コマ おうた編

歌って楽しそう！

モーニングコール

課題3 しぐさ 姿勢 から読みとろう

インコは、うれしいときに「待ちきれない！」と揺れるなど、とてもわかりやすい感情表現をします。ちょっぴり表情が乏しいインコの気持ちをより正確に探るために、しぐさや姿勢ごとの感情を知りましょう。

インコのしぐさ、基本の“き”

・体の大きさ 体が大きくなるのは、自分を大きく見せたいときです。

細い
太い
怖いよーっ
平常心…
ムッカーッ！

恐怖を感じたとき、体がすくんで小さくなるのは、人間と同じです。

こちらが通常モード。身のまわりに危険が迫っていないと判断しています。

体が大きく膨らむのは、自分を大きく見せて、相手を威嚇したいときです。

・動きの大きさ 気持ちが高ぶると、動きもまた大きくなります。

小さい
大きい
ふぅー
ワクワクするー♪
待ちきれないよっ!!

平常モードはあまり動きません。なお、つばさを少しだけ広げるのは、暑いとき。

つばさを少し開いてワキワキ♪　うれしい気持ちがおさえられません！

激しくゆさゆさ!!　待ちきれない気持ちがあふれて、はしゃがずにいられません。

1 しぐさ

引っくり返るのは□□している証拠

答え合わせ

安心

服従などとお答えの方は、ほかの動物から連想されたのかもしれませんね。正解は、安心。文字数はオーバーしますが、心を許しているとお答えの方、センスばつぐんですね……！

こてんと引っくり返ってしまうと、インコはすぐに飛び立てません。そのため、床に引っくり返って転がるのは、インコが安心しきっている何よりの証拠です。「この家には危険なんてない！」と思っているのでしょう。飼い主冥利に尽きますね！

なかには、ケージでさかさまにぶら下がって遊んでいたら、落っこちてしまったというケースも。コロコロ転がって遊んでいるようなら問題ありませんが、うずくまっていたり、動きづらそうにしている場合は、すぐに動物病院を受診してください。

しぐさ 2

細くなるのは□□□□ときの反応

答え合わせ

怖い

怖いのほか、**驚いた**とお答えの方も意味合いとしては正解です！　**楽しい**、**うれしい**など、ポジティブな感情を答えた方は残念ながら間違い。じつは、正反対の感情なんですよ。

インコがいつもの2分の1くらいの細さになっているのを見ると、最初は「何ごと!?」と驚いてしまうかもしれませんね。人間も、恐怖や驚きを感じると、体が緊張してすくんでしまうことがありますが、インコも同じ。見慣れないものを見て、体がシュッと縮こまっているのです。これは、55ページの「目を見開く」などと同じで、インコの意志とは関係ない、生理的な反応です。

状況が理解できるまでは、その姿勢のままフリーズしますが、しばらくすればもとのふくふくな姿に戻りますよ。

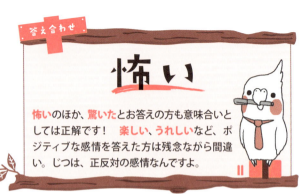

怖くて縮こまると姿勢が□□なる

答え合わせ

低く

高くとお答えの方、いらっしゃったら、野生では生きていけません！　姿勢を高くしたら、敵に見つかっちゃうので厳禁ですよ〜!!　ということで、正解は**低く**なる、でした。

見慣れないものがあって、怖さを感じているとき、インコは姿勢をグッと低くします。そして、低い姿勢をキープしたまま、恐る恐る近づいて正体を確認することも。これは、恐怖で体が縮こまっているのが半分、敵から見えないように姿勢を低くしているのが半分といったところ。

とはいえ、インコの最終手段は飛んで逃げることなので、**本当に怖いなら、低い姿勢でずっと様子を伺うことはしません。**「怖いんだけど、ちょっと気になるんだよな……」という気持ちなのでしょう。

4 しぐさ

片足が上がるのは、足が□□□から

答え合わせ

冷たい

冷たい、**冷えた**などとお答えの方は大正解！ なかには、**疲れた**という回答もあるかもしれませんね。じつは、こちらも正解。2パターンの可能性が考えられるのです。

止まり木に止まったインコが片足を上げているなら、**寒がっている可能性が高いです。足先から体の熱が逃げていかないように、足を羽毛の中に隠そうとしている**のでしょう。人間が手足から冷えていくように、インコもまた、末端の足先から冷えていきます。本格的に寒がる前に、エアコンなどで室温を調整してください。

なお、室温に問題がないのに片足を上げているなら、ちょっと足を休めているだけ。いつも通りに振る舞っているなら、心配しなくても大丈夫ですよ。

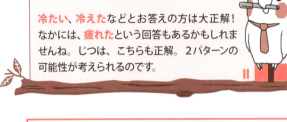

5 しぐさ

全身が膨らむのは□□とき

全身の羽毛がぶわっと膨らむのは、寒いとき。インコは、羽毛を膨らませることで、羽の間に暖かい空気を取りこみ、保温効果を高めることができるのです。そのほか、クチバシを羽毛に埋めるのも、体温を逃がさないためのしぐさ。

もふもふ膨らむ姿はかわいくもありますが、インコは寒さが大の苦手。温度管理を徹底しましょう（168ページ）。また、室温を上げても体を膨らませているようなら、体調が悪い可能性もあります。早めに動物病院を受診しましょう。

答え合わせ

寒い

ポイントは、“全身が”というところ。正解は、**寒い**になります。**怒っている**ときとお答えの方、惜しい……！　怒りで膨らむのは、全身ではなくて顔だけなのです（97ページ）。

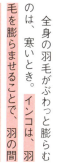

しぐさ 6

伏せて寝るのは□□しているから

インコは本来、捕食される立場の動物。そのため、**基本的に眠りは浅めで、止まり木に止まったまま眠ることが多い**です。そんなインコが、すぐには飛び立てない**うつ伏せの姿勢で寝ているなら、周囲に危険はないと判断し、安心して熟睡している**のでしょう。飼い主さんのことを信頼しているのですね。ぜひ、静かに寝かせてあげてください。

インコの寝姿を観察すると、愛鳥の本音が見えてきます。起こさないように注意しながら、ときどき寝ている様子を確認してみましょう。

答え合わせ

熟睡

熟睡のほか、**安心**などでも正解です！　**周囲に危険なものなどないと認識**しているから、なんてお答えの方、たしかに正解ですが、答えは2文字ですからね！　でも、その通りです♪

インコドリル

応用問題

問 ⟫ 次のうち、インコの熟睡度が高いものに○をつけよ。

△ 1. 片足立ちで寝る

うとうと…
ちょっと眠いかな〜

片足立ちになるのは、寒いか、休憩しているからですよね（86 ページ）。その姿勢で目をつぶって寝ているなら、休憩中にうとうと眠くなってきた……といったところ。仮眠しているだけで、少し物音がしただけでも起きてしまいます。

○ 2. クチバシを羽毛に埋める

よく見る寝姿
ちょっぴり寒い可能性も？

クチバシを背中の羽毛に埋めて寝るのは、インコによく見られる寝姿。クチバシは羽毛がなくて冷えやすいので、こうして温めているのです。なお、寒さを感じているときに見られるポーズでもあります。適温が保たれているか確認してください。

◎ 3. あお向けで寝る

ぐ〜ぐ〜
完全に熟睡しているよ

伏せて寝ているのと同じくらいか、それ以上に熟睡している寝姿です。この姿勢だと、すぐには飛び立てませんから、安心しきっているのでしょう。とくに、コガネメキシコインコなどの一部のインコは、あお向けで眠ることが多いです。

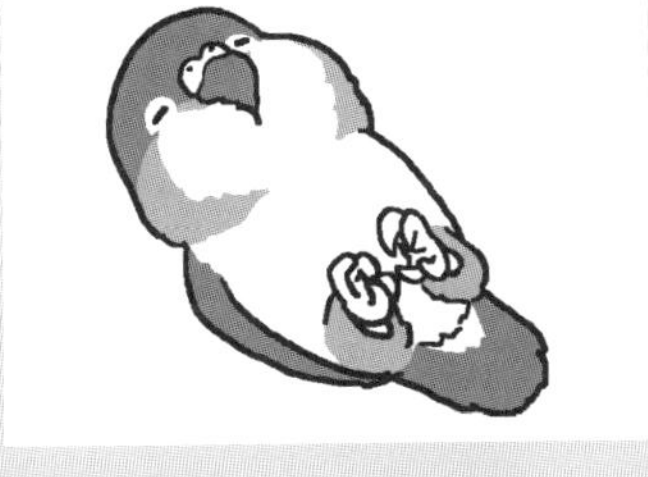

答え合わせ

期待

正解は、**期待**。ワキワキしているこのしぐさ、見るからに喜びに満ちていますから、正解率も高かったんじゃないでしょうか？　**おねだり**や**ワクワク**とお答えの方も、意味的には◎です！

ワ　しぐさ

ワキワキは、□□しているサイン

インコファンの間では「ワキワキ」と呼ばれる、羽を広げて揺するこのしぐさは、インコの喜びや期待感、ワクワク感の表れです。インコは人間の生活を観察していて、「洗いものが終わったら遊んでくれる」「あの棚からおやつが出てくる」など、ある程度、次に起こることを予測しています。そんなとき、ワキワキで「早く！　待ちきれないよ」という気持ちを表現するのです。

ただし、つばさを少しだけ開いているなら、暑くなった体を冷やそうとしている可能性が高いです。室温を確認しましょう。

8

しぐさ

羽を広げて歩き、□□□□！

インコは、相手に自分を強く見せたいとき、顔を膨らませたり、冠羽を立てたりして、体を大きく見せようとします。羽を広げたまま歩くのもこれと同じで、「どうだ！」と、自分の存在をアピールしているのです。

オスの場合、アピールする相手はメスがほとんど。「ねぇ、どう？　強そうでしょ！」と伝えているのです。また、なわばり以外の場所をパトロールしているとき、ほかのインコや敵に出会ってしまい、「オ、オレは強いんだぞ」と、虚勢を張るときに見られるしぐさでもあります。

答え合わせ

アピール

つばさを開くのは体を冷ますため……ということで、**暑いから**とお答えの方、推理力はすばらしいですが、残念ながら間違い！　じつは、異性や敵への**アピール**の意味合いが強いのです。

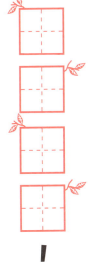

揺れるのは、□□□□ないから

インコが、全身をゆさゆさと揺することがあります。揺れ方によって感情は異なりますが、タテやヨコに激しく揺れるなら、「楽しくてじっとしていられない！」「待ちきれない！」という気持ちから。ワキワキ（90ページ）しながら揺れることもあり、インコファンから「ワキワキダンス」なんて呼ばれて親しまれていますよね。

　気分が上がるほど、揺れ方も激しくなっていきます。揺れているうちに楽しくなってきて、足の動きを加えたり、羽を広げてみたりすることもありますよ。

答え合わせ

待ちきれ

これは難しかったかもしれませんね。揺れ方によって、気持ちも変わりますから……。下の絵のような揺れ方なら、答えは**待ちきれ**ないから。ゆっくり揺れる場合の気持ちは、93 ページへ！

10 しぐさ

左右にユラユラ、□□爆発！

答え合わせ

怒り

92ページのポジティブな感情とは違い、左右に大きく揺れるのは**怒り**爆発の状態！　そちらの方、**大**爆発はちょっと……。えっ、**芸術**⁉　たしかに、インコって芸術的ですよね〜♡

体を、左右に大きくユ〜ラユ〜ラ。こちらは、**インコの怒りが最高潮になっているサイン。全身を揺らすことで体を大きく見せ、相手に威圧感を与えようとしている**のです。このしぐさが見られるときは、それ以上近づかないほうがよさそう。手を伸ばそうものなら、ガブッと咬まれること間違いなしです。

待ちきれないときにも体を揺らしますが、怒っているときのほうがゆっくり揺れます。また、顔の羽毛を逆立てたり、目に怒りをにじませたりするので、ひと目で見分けられますよ。

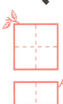

しぐさ 11

□□すると、尾羽を振る

答え合わせ

満足

答えは**満足**ですが、この行動についてはわかっていないことも多く、諸説あります。ということで、**あいさつ**、**ワクワク**などでもOK。もしかすると、ほかの答えがあるかもしれませんね。

尾羽をぷるるっと振るしぐさは、明確な答えが見つかっていません。ですが、**今の行動に満足し、次の行動をする前に見られることから、気分を切り替えるときの合図という説が有力**です。

そのほか、**仲間と会ったときのあいさつ**という説も。実際、群れの仲間とすれ違うときに尾羽を振ることから、捨てがたい説になっています。また、大好物を前にしたときに尾羽を振るインコもいて、**ワクワクして振るのではないか**ともいわれています。ぜひ愛鳥の尾羽を観察し、答えを探してみてください。

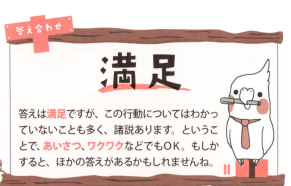

答え合わせ

限界

文字数が2文字ということで、ここでの正解は**限界**。ですが、じつはもうひとつ答えがあって、**物足りなさ**でも間違いではありません。正反対のニュアンスなので、見極めが大事ですよ。

12 しぐさ

□□を感じると、羽をパタパタ

遊び好きなインコでも、「今日はもういいかな」と飽きることがあります。それでもしつこく遊びに誘うと、インコは羽をパタパタと動かし、「もういいの！」とアピールすることが。インコが本格的にイライラする前に、遊びを終了しましょう。

ところが、飼い主さんが放鳥を終了しようとするときなどにも、羽をバタつかせることがあります。この場合は、「まだまだ遊び足りない！」という気持ちの表れ。状況や前後の行動を見て、インコが何を伝えようとしているかを読みとりましょう。

13 しぐさ

首を傾げて見るのは□□したいから

答え合わせ

観察

理解と答えた方も◎。また、**情報収集**も、文字数はともかくとして正解です。なお、首を傾げる姿がかわいいからといって、万が一にも**ぶりっこ**しているわけではありませんよ！

首をくいっと傾げる姿は、人間の場合「うーん、あれは何？」といったところ。インコの場合も、心情としては近いところがあります。何か気になるものを見つけて、「観察したいな〜！」と思っているのです。

インコが首を傾げるしぐさは、ポーズではなくきちんとした意味があります。片目を対象物に近づけることで、よりじっくり見られるし、首の角度を変えて耳を向ければ、音もより拾いやすくなります。つまり、首を傾げることで、五感をフル活用して情報収集しているのです。

14 しぐさ

顔だけ膨らむのは□□の表れ

顔のまわりの羽毛がぶわっと立ち上がる姿は、まるでキュートなお花のよう……いえいえ、そんな悠長なことを言っている場合ではありません。インコの目やクチバシを見てみましょう。目が三角形になってクチバシも開いているのではないでしょうか？

　これは、怒り心頭のときに見られるしぐさ。「ちょっとした不快感」なんて軽いものではなく、「近づくな！」という、強い拒絶の気持ちも含まれています。

　こんなとき、へたに手を出すのは危険。ひと言謝ったら、しばらくそっとしておきましょう。

答え合わせ

怒り

87ページでネタばらし的に解説したので、正解した方は多そうですね。そう、答えは**怒り**です。体全体の羽毛が膨らむのとは気持ちが異なるので、分けて覚えてくださいね。

答え合わせ

オン

回答は、**オン**か**オフ**の2択でしょうか。とはいえ、体をグ～ッと伸ばすのは、端的にいうとストレッチのことですから……。こちら、サービス問題だったかもしれませんね。

15 しぐさ

体を伸ばしてスイッチ

インコが体を伸ばすこの行動、インコファンの間では「スサー」なんて呼ばれることもあります。スサーが見られるのは、**のんびりモードからアクティブモードに切り替わるとき**。準備運動のようなもので、左翼、左足、右足、右翼の順に全身を伸ばし、最後に左右両方のつばさを伸ばして、スイッチを入れます。

スサー直後のインコは、「よし、遊ぶぞ～!!」と気分上々、元気いっぱい！　**インコを遊びに誘うなら、ベストタイミング**です！　お気に入りのオモチャを持っていっしょに遊びましょう。

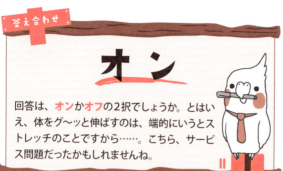

しぐさ 16

眠くなると□□□が出ちゃう

答え合わせ

あくび

ヨウム校長のサービス問題！　答えは**あくび**です。えっ、**手**が出ちゃう……ですか？　たしかに、眠くて機嫌が悪くなり、飼い主さんにやつあたりしちゃうインコもいるみたいですね。

人間と同じように、インコも眠くなるとあくびをします。口を大きく開けて、「ふぁ〜」っとするところも同じです。なお、インコは人間と同じ昼行性の動物なので、あくびは寝る前、夜のほうが頻繁に見られますよ。

寝る前に数回あくびをする程度なら問題ありませんが、あくびをしたときに「オエッ」とえずいたり、頻繁に生あくびをくり返すようなら要注意。口の中やそのう（33ページ）が炎症を起こしている可能性があります。気がついたら、早めに動物病院を受診しましょう。

課題4 行動から読みとろう

インコの行動は、本能的な行動と、学習による行動の2種類に分けられます。まずは、インコの行動がどちらに当てはまるのか、考えてみましょう。なお、本能による行動は、完全にやめさせせることはできません。

インコの"本能"と"学習"の行動例

・インコの本能 これらは、インコの本能に刻まれた行動です。

飛んで逃げる

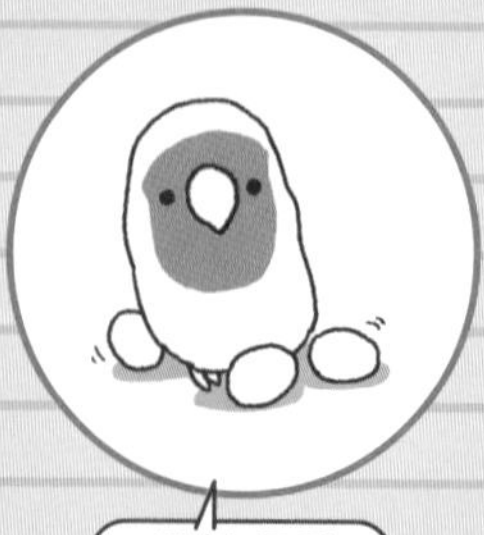

発情行動

怖いと隠れる

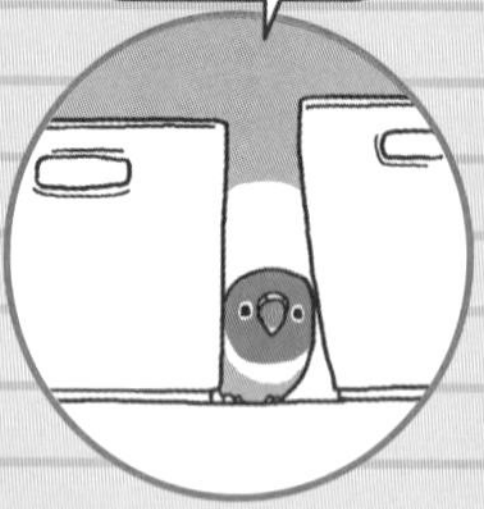

・インコの学習行動 経験で"学習"し、定着していく流れを解説します。

例） 気に入らないことがあるとき

イラッと来たので、食器を引っくり返してみた。

飼い主さんが構ってくれた！これは使えるぞ……。

気を引くために、食器を引っくり返すことを学んだ！

1 行動

□□ために羽づくろいは必須！

答え合わせ

飛ぶ

答えは**飛ぶ**。「羽づくろい」というフレーズから、連想しやすかったんじゃないでしょうか？　**美しくある**ため、とお答えの方……さては、インコの美しさに魅了されていますね？

インコは、クチバシを使って羽づくろいをし、羽毛のケアをします。具体的には、クチバシで羽毛の乱れを整えるほか、羽脂《うし》腺《せん》（44ページ）から脂をすくって羽毛に塗り、汚れや水気から羽毛を守ります。

羽づくろいをするのは、おしゃれしたいから……というわけではなく、羽毛をつねにベストな状態に保ち、必要なときに飛び立つためです。健康なインコの場合、羽毛がボサボサというのは稀。羽毛が乱れているなら、もしかするとケガや老化などで、羽づくろいしづらいのかも……。

行動 2

体をかくのは□□□□□の一種

答え合わせ

羽づくろい

こちらの問い、じつは正解が2つあります。ひとつが**羽づくろい**、もうひとつが**ひまつぶし**です。インコがどちらの感情を抱いているかは、かいている場所で見極められますよ。

インコは、足を使って体をかくことがあります。かいているのが頭なら、羽づくろいの延長線上。体はクチバシで羽づくろいしますが、頭は、クチバシが届かないため、足でかいて羽毛を整えるのです。

かいているのが体で、動きがせわしないなら、単に体がかゆくなったのでしょう。あごや肩をゆっくりかく場合は、ほかにやることがなくて退屈している可能性大。「ひま～、飼い主さん遊んで～」と、遠まわしなアピールかも。遊びに誘えば、インコともっと仲よくなれますよ。

3
行動

がなければ飛ばないの

答え合わせ

理由

必要と回答された方も正解です。**やる気**とお答えの方、そんなにものぐさじゃないですよ〜！**つばさ**や**羽**とお答えの方、クリッピング（39 ページ）の話を覚えていてくださったのですね！

「インコ＝飛ぶ」というイメージが強いせいか、とことこ歩きまわっているインコを見ると、「面倒くさがり？」なんて思いがち。ですが、野生のインコも、必要なとき以外はむやみに飛びません。飛ぶこと自体を楽しんでいる若鳥は別ですが……。

飛行には、大量のエネルギーを使います。四六時中飛んでいては、体は疲弊するばかり。それに、飛びっぱなしでは、採食したり仲間とコミュニケーションをとることもできません。飛ぶ必要がなければ、飛ばない。それだけのことなんです。

何かあったら、□□□逃げる

答え合わせ

飛んで

歩いて、走って、泳いでなどと回答した方、まさか確信犯じゃありませんよね？　正解はもちろん、飛んで逃げる。慌ててとされた方、何かあったら、人間だって慌てて逃げますもんね！

インコにとって、身を守る最大の武器は、飛んで敵の手が届かないところまで逃げられることです。飛んで逃げるというのは、インコの本能にすりこまれた行動で、「怖い」と感じた瞬間に飛び立ちます。これは、なれている・いないとはまた別の話。考える間もなく、本能的に飛び立ってしまうのです。

そして、恐怖を感じたインコは、できるだけ遠くに行こうとします。窓が開いていたら、外に飛び出すこともあるでしょう。脱走しないように、ドアや窓はしっかり閉めましょう。

インコが脱走してしまった!

飼い主のBさん

たた、助けてください! 放鳥していたボタンくんが、うっかり開けていた窓から脱走してしまったんです(涙)。どこから探せばいいんでしょう? 心配で仕方ありません……!

まずは近所から探してみましょう!

それは大変! まずは近所から探すことをおすすめします。インコにとって家の外は未知の怖い場所ですから、案外近くで呆然としていることが多いんですよ。木の上や茂み、電線、ベランダなどを重点的に探しましょう。このとき、愛鳥さんの名前を呼び続けたり、エサの容器を振ったりしてくださいね。見つからないときは、最寄りの警察や保健所、動物病院へ連絡を!!

帰ってこられました! 逃げたかったわけじゃなくて、うっかり飛び出したら帰れなくなっちゃったんだ……。怖かったし、もう絶対出たくないよ(涙)。

インコに質問!

脱走しがちなシーン Best 3

1位 放鳥しているとき
「気持ちよく飛んでいたら、窓からうっかり…」

2位 掃除や食事のとき
「うれしくてケージから飛び出しちゃった!」

3位 地震のとき
「ケージが落下して、ロックが外れたの~」

隠れて確認！ 怖いけど□□□□

答え合わせ

気になる

気になる、興味津々など、「怖いもの見たさ」を表現する言葉なら正解！　飼い主さんの側にいれば安心だ、なんて答えた方、文字数を無視した愛あるアテレコ、クセになってきました♪

インコは、「怖い！」と判断すると、飛んでその場から逃げます。ですが、「怖いけど、ちょっと気になる」「自分の目で確認しないと」というときに、飼い主さんの体や髪の毛に身を隠して、対象物をじっと見ることがあります。飼い主さんの側にいれば、いざというときに守ってもらえると思っているのでしょう。

そんなときは、飼い主さんもどっしり構えて、「大丈夫だよ」と声をかけてみてください。飼い主さんが落ちついていることがわかれば、インコの警戒もすぐに解けますよ。

後ずさりは□□と□□が半々

見慣れないものを前に、ずりずりと後ずさりするインコ。これも、106ページの「隠れて確認！」と同じく、「気になるけど怖い」と葛藤しています。「怖いから距離を置きたいけど、どんな風に動くのか確認もしたい」と、好奇心が恐怖心に勝っている状況。怖さが勝ったら、すぐにでも飛び立ってその場を離れます。

ちなみに、すべての鳥が後ずさりできるわけではありません。同じくペットとして人気の文鳥は、後ろ向きに歩けないんです。なお、インコはヨコにずれながら歩くこともできますよ。

答え合わせ

興味と恐怖

そのほか、**関心**と**脅威**など、相反する2つの感情を回答された方は正解です！　そちらの方、**ワクワク**と**ビクビク**ですか？　文字数は少々多めですが、感情はバッチリ伝わりますね！

毛引き、□□になっているかも…

答え合わせ

クセ

毛引きの原因はさまざまなので、少々難しかったかもしれませんね。こちらで紹介した答えは、**クセ**ですが、**病気**や**栄養不足**、**ストレス**などとお答えの方も、意味的には正解になります。

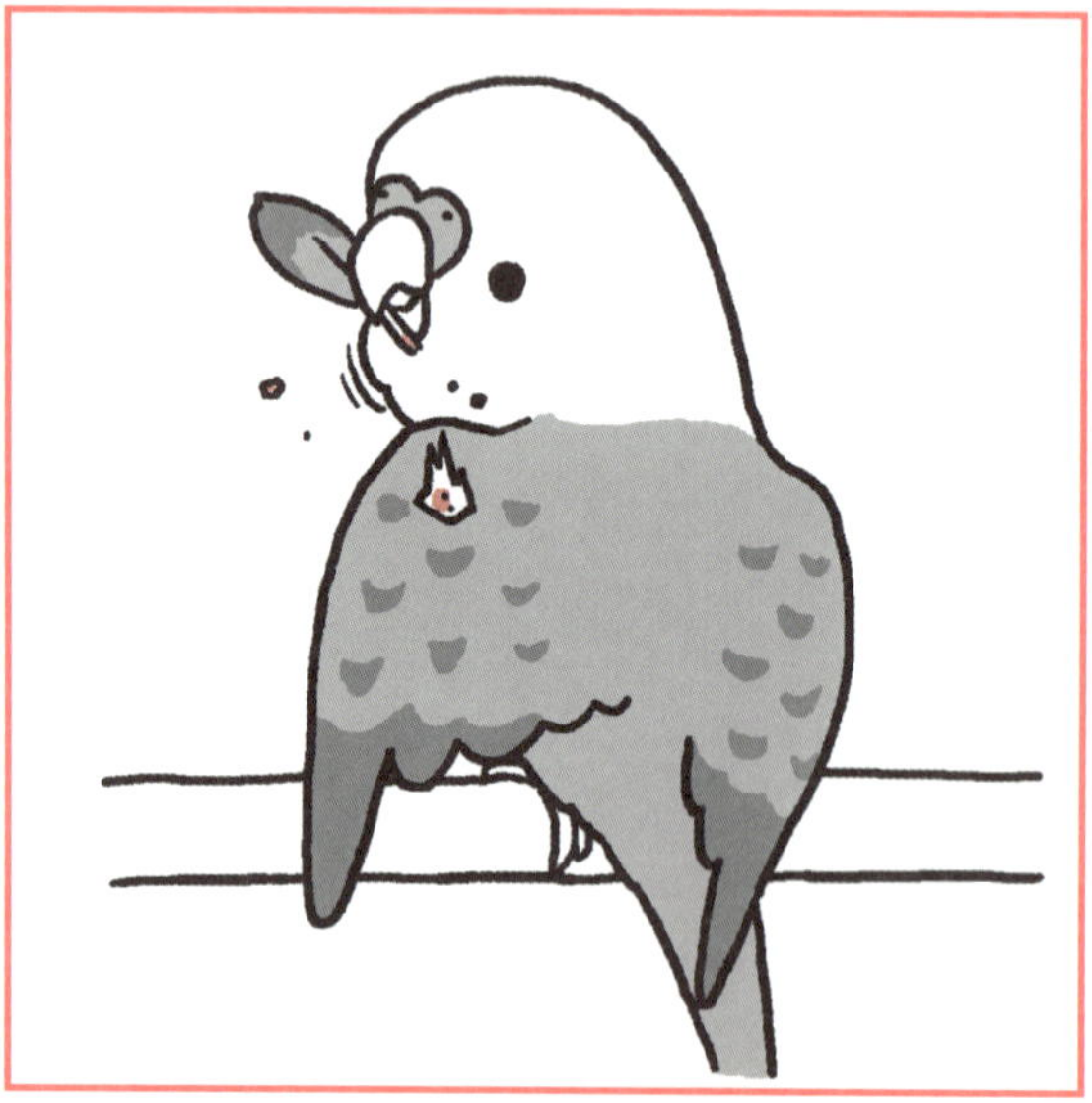

自らの毛を抜いてしまう「毛引き」。なかには、地肌が見えるほど毛を抜いて、痛々しい姿になってしまう子もいます。

原因は、大きく分けて2つ。ひとつが、病気による毛引きで、ウイルス性のものや、皮膚疾患が原因です。これは、病気が治れば改善するケースがほとんど。

もうひとつが、精神的なストレスが原因のもの。退屈で、飼い主さんに「大丈夫？」と声をかけてもらうために抜いてしまう子もいます。また、くり返すうちに、毛引きがクセになってしまうことも多いです。

毛引きがひどいんです…

飼い主のCさん

わが家のセキセイくん、毛引きがひどいんです。毛を抜くのを見るたびに、「やめなさい!」ってかけ寄っていますが、ひどくなるばかり。ストレスなの？　落ちこんでしまいます……。

毛引きの原因をじっくり考えてみましょう

まず、飼い主さんはご自分を責めないでくださいね。毛引きの原因って本当にいろいろで、「ストレス」って言いきれるものではないからです。退屈や孤独感のほか、性的な欲求不満や、クリッピングなども原因になります。まずは、毛引きの本当の理由を考えてみましょう。あと、毛引きを見てかけ寄るのはNG。「毛を抜くと構ってもらえる」と思われてしまいますよ。

毛って抜いちゃダメなのーっ!?　毛を抜くと構ってもらえるから、うれしくて抜いてた～。抜くのがクセになっちゃってるから、気をつけるねー！

インコに質問！

毛引き改善テク Best 3

1位 環境を改善する

「コミュニケーションが増えた！」「ひまな時間が減った！」

2位 トレーニングをする

「頭を使う時間が増えて、毛引きするひまがないよ」

3位 薬物療法

「抗不安剤や抗うつ剤っていうのを投与するんだって」

クチバシを打って□□□を刻む

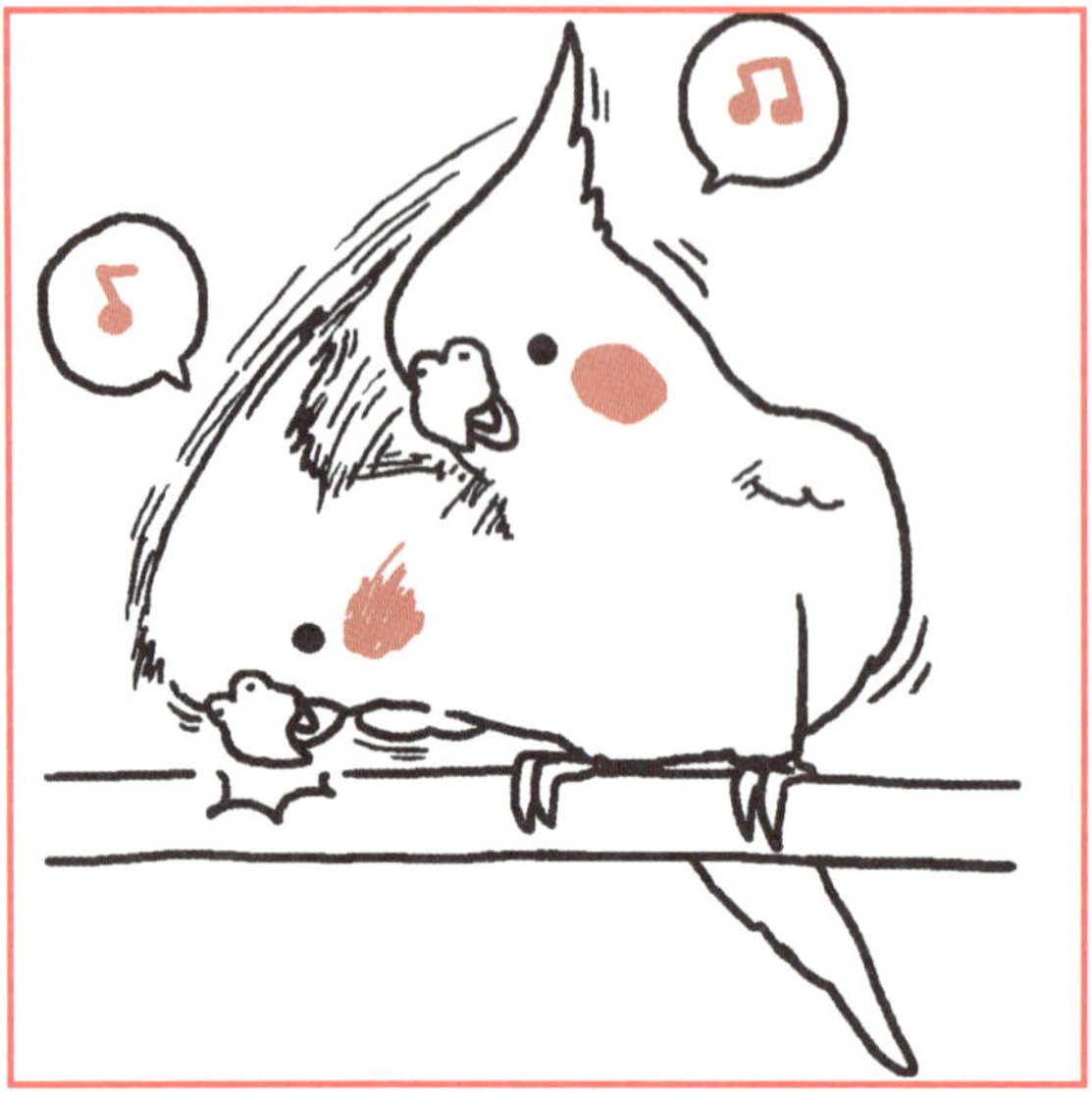

止まり木やケージにクチバシを打ちつけて、コンコン、カンカン♪　なかなか派手な音が鳴るので驚いてしまいますが、これは、**「ノッキング」と呼ばれ、インコの遊びのひとつ**です。自分で作曲して楽しんでいるのでしょう。歌をうたったり、リズムを刻んで音楽をつくったり、インコはまるでミュージシャンですね。なお、**発情期のオスの場合は、求愛行動**のひとつでもあります。

　なお、止まり木にクチバシを打ちつけず、ぐりぐりとこすりつけるのは、クチバシがかゆいから。食後によく見られます。

答え合わせ

リズム

リズムのほか、**ビート**とお答えの方も大正解です！　えっ、**野菜**を刻む……ですか？　たしかにインコのクチバシは尖っていますが、さすがに包丁の役割は果たせないですよ。

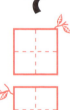

9

行動 □□□□ないとちゃぶ台返し！

答え合わせ

気に入ら

昭和のアニメに出てくるオトーサンを彷彿とさせるちゃぶ台返し。こちらの答えは、**気に入ら**ない。まさにオトーサンと同じです。**食べたく**ない、**おいしく**ないは△としておきましょう。

エサをぶちまけながら食べたり、皿をガシャンと引っくり返すのは、何か気に入らないことがあるときに見られる、ストレス発散のための行動です。原因はいろいろで、テレビから流れてくる音が気に食わなかったり、「ほかの食べものをよこせ！」だったり、単に虫の居所が悪いだけだったりします。

飼い主さんが「どうしたの!?」と反応してしまうと、構ってもらうための方法として、くり返すようになります。しばらくは片づけもせずに、スルーしてしまうのが正解です。

10 行動

紙をちぎるのは□□づくりのため

答え合わせ

巣

作品とお答えの方、たしかにインコの**巣**って、細い紙や羽が絶妙に組み合わさった芸術作品のようですね！　ちぎり絵のような作品を想定されていらしたら、残念ながら不正解です！

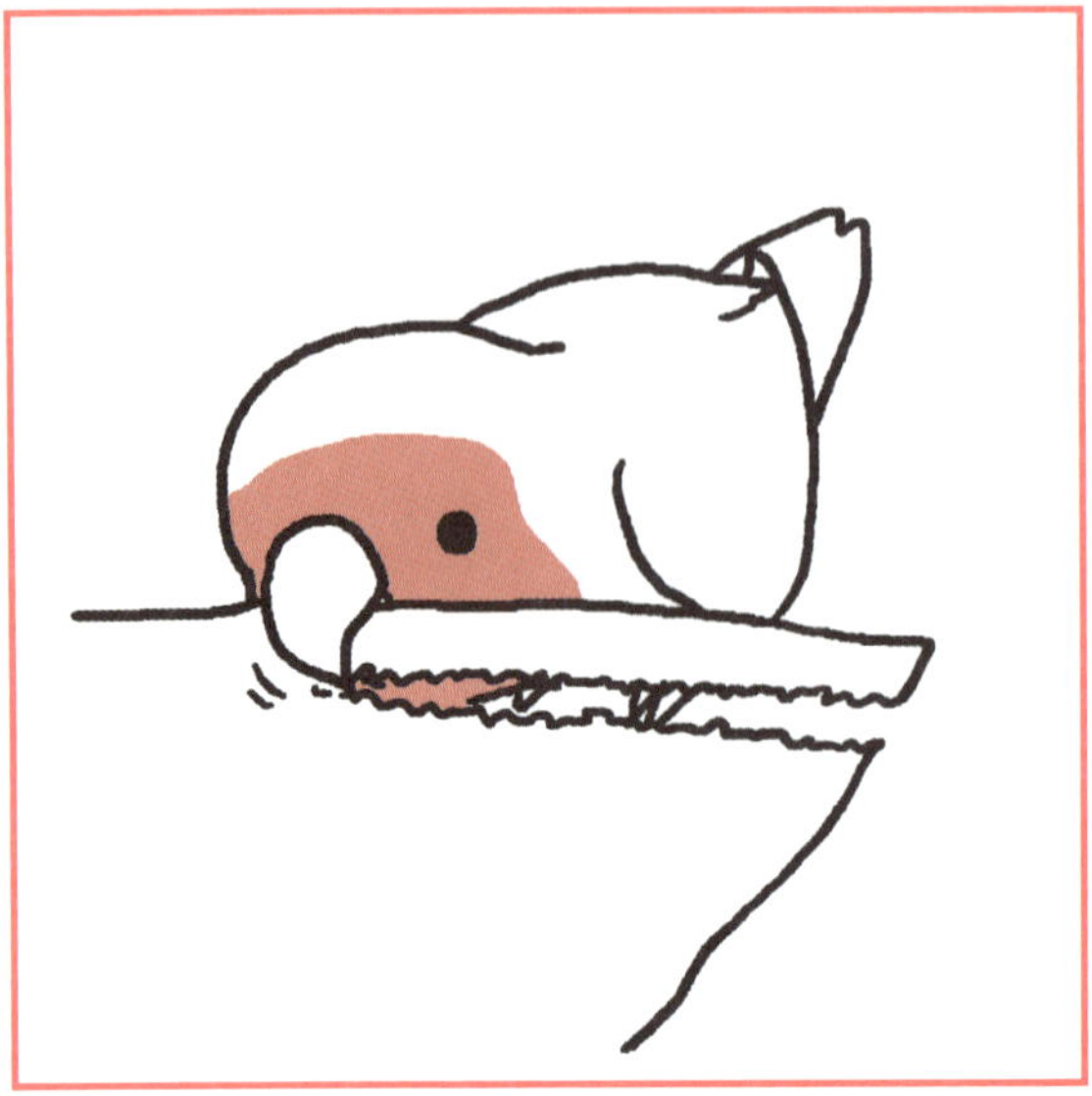

インコの中でも**コザクラ特有の行動**です。発情期のオス、メス両方に見られ、**子どもを産み育てるための巣をつくろうとしています**。ちぎった紙は、クチバシでくわえて運ぶほか、尾羽に数本をまとめて挿してから運ぶこともありますよ。

インコのクチバシは丈夫で、薄手の紙だけでなく、厚紙や本のカバーもちぎってしまいます。かじられて困るものは、隠しておきましょう。なお、過発情（190ページ）の場合、巣をつくらせるのは考えもの。巣材となる紙は渡さないようにしてください。

11 行動

ものはつついちゃう

答え合わせ

あやしい

答えはいろいろありそうですね。**不思議な**、**気になる**、**おもしろそう**なども意味的には正解。**飼い主さんの手的な**、なんて無理やり入れた方、もしや、愛鳥につつかれているのですか……？

はじめて見るオモチャなど、「あれは何？　あやしいけど、気になる……」というとき、インコはまずクチバシでつついて反応を見ようとします。怖いものだと判断すれば飛んで逃げますし、おもしろそうだと思えばそのまま遊びはじめるでしょう。また、つついたときの反応がおもしろくて、遊びとして楽しんでいるケースもあります。

パッと見て怖いものだと判断したら、インコは近づかずに逃げます。クチバシでつつくということは、興味をもっているサインでもあります。

答え合わせ

好き

落ちつくなど、好意的な言葉を入れた方も意味としては正解。**苦手**や**嫌い**とお答えの方は、残念ながら間違いです。**発情しやすい**と入れた方、さすが！　本質を理解されていますね。

12

行動

本能的に、狭いところは□□

野生のインコは、つねに敵から身を隠せる場所を探しています。**狭くて暗い場所は絶好の隠れ場所になりますから、入らずにはいられない**のでしょう。また、インコは好奇心旺盛なため、狭くて暗い場所を見ると、「何かいいものがあるかも！」と、確認したくなります。冷蔵庫のすき間、ティッシュ箱の中など、どこにでも顔を突っこみますよ。

ただし、そこにずっと入って落ちついてしまっているようなら、注意が必要。**その場所が「巣」になってしまうと、発情を招くきっかけに**なりかねません。

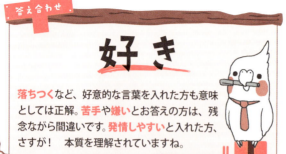

13

行動

高い場所にいるほうが□□んだ！

答え合わせ

偉い

「手が届かない場所に逃げるなんて、気が弱いのかな?」と推理し、**弱虫な**んだ、**怖がりな**んだとお答えの方、残念！　じつは正反対で、高い場所にいるほど**偉い**と思っているんです。

野生のインコの天敵、ワシやタカなどの猛禽類は、上空から急降下して攻撃してきます。そのため、インコは身を守るために、できるだけ高い場所にいたがります。高い場所にいるほど、敵に狙われる可能性は下がりますから、安心できるんです。

この習性が少し変化し、「高い場所にいるほうが偉い」という認識に。愛鳥が高い場所を定位置にしているなら、飼い主さんを見下しているのかも。わがままインコにならないよう、棚の上にものを置くなどし、登れないようにしてしまいましょう。

14　行動

鏡に映る自分は□□□と認識！

鏡を覗きこむと、そこに映るのは自分自身の姿。でも、インコにはそれがわかりません。そのため、鏡に映る自分を、別のインコだと認識します。

インコは〝いっしょ〟が大好きですから、いつも同じ行動をとってくれる鏡の中のインコに、好意を抱く子も多いです。なかには、鏡に映った自分の姿にひとめぼれしちゃう子も♡　ですが、行きすぎると発情し、吐き戻し（149ページ）などをはじめてしまうこともあります。過発情を招くので、鏡遊びはほどほどにしましょう。

答え合わせ

別の子

自分だと、とお答えの方残念！　稀にそういう子もいるかもしれませんが、基本的には**別の子**だと認識するんですよ。**イケメンだ**と、**美人だ**と、とお答えの方も、間違ってはいません♪

15 行動

止まり木でウロウロ。□□□よ！

答え合わせ

遊んで

遊んでのほか、ケージから**出して**も正解です。**助けて**と答えた方もいらっしゃるんじゃないでしょうか。せわしなく動いているのを見ると、トラブル発生なのかと思いますもんね～。

インコのお誘いは、結構アクティブです。たとえば遊びたいとき、インコは止まり木の上で右往左往してアピールします。「そんなに慌てて何かトラブルなの!?」なんてあたふたしてしまうかもしれませんが、心配しなくても大丈夫ですよ。

ところで、このアピールをするインコは、「ケージの外で思いっきり体を動かしたい！」という気持ちでいます。できれば、ケージの外から声をかけるだけではなく、ケージから出していっしょに遊んでください。きっと、インコとの絆が深まりますよ。

16
行動

尾羽を追いかけるのは□□の一種

答え合わせ

遊び

正解は**遊び**です。自分の体もオモチャにできるインコって、楽しみを見つける天才でしょ♪……えっ、もしかして**自傷**って書かれています？違いますから、ご安心くださいね。

視界のはしに映る、美しいヒラヒラ（尾羽）。カラフルでステキな色合いに、なんだろうと気になって追いかけてみれば、スッと逃げていく……。そんな風に追いかけてクルクル回るうちに、楽しくなって、遊びのひとつになったのでしょう。とくに、好奇心旺盛な若いインコによく見られる行動です。

「ストレスが溜まっているんじゃないの？」と心配してしまう飼い主さんもいますが、長時間続けたり、体をあちこちにぶつけていたりしなければ問題ありません。好きに遊ばせましょう。

インコはパニックに注意！

答え合わせ

オカメ

臆病なとお答えの方も正解ですが、ここではいちばんパニックを起こしやすい、オカメインコについて解説します。ほかの鳥種をお答えの方、何か別の原因があるかもしれませんよ！

飼い主さんからの人気も高いオカメですが、じつは臆病な性格の子が多く、聞き慣れない物音がしたり、怖い夢を見たりして、パニックを起こすことがあります。「オカメパニック」と呼ばれ、訳がわからなくなって、叫びながらケージの中で大騒ぎすることも……！　顔やつばさをぶつけて大ケガに繋がることもあるので、「大丈夫だよ」と声をかけて、安心させてあげてください。

なお、ほかの鳥種が夜中に突然騒ぐ場合は、ダニが発生してかゆがっているのかも。早めに動物病院へ行き、相談しましょう。

18 行動

ケージから出ないのは□□から

答え合わせ

怖い

眠い、気分じゃないなどの回答は、△といったところ。多くは**怖い**と思っているのが原因です。**飼い主さんのことが苦手だ**からなんて、そんなこと悲しいこと言わないでください〜！

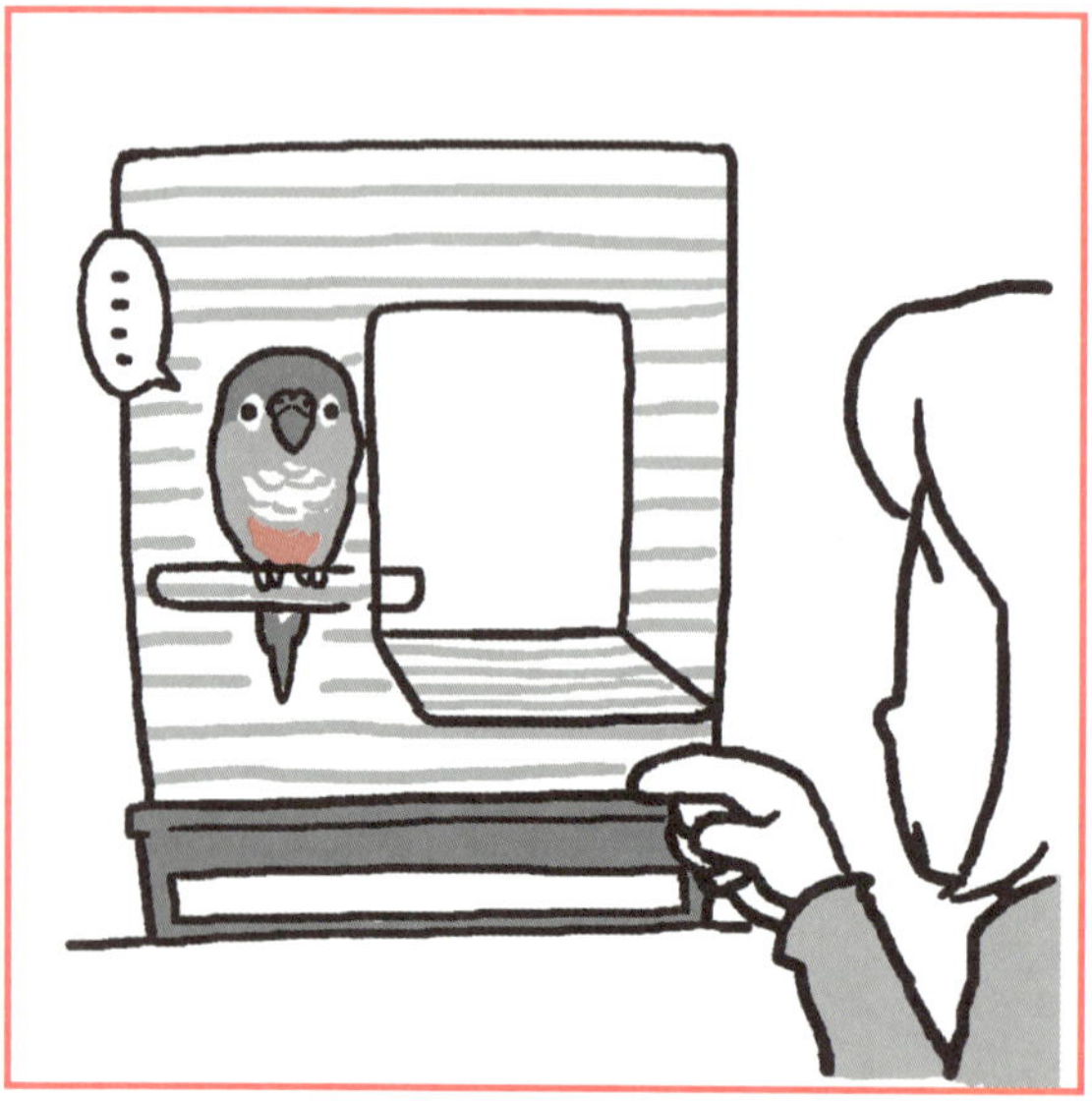

基本的に、インコは外に出て遊ぶのが大好き！　好奇心旺盛な性格ですから、ケージの外を冒険したり、飼い主さんと遊んだりすることに、何よりの楽しみを感じます。

それなのにケージから出ないのは、**ケージの外を怖い場所だと認識**しているから。放鳥しているときにした**怖い経験がトラウマになっている可能性が**あります。外が安全だと判断できればまた出るようになるので、飼い主さんが楽しんでいる様子を見せたり、オモチャを外に置いたりして、恐怖心を和らげましょう。

19 行動

ケージが□□だと、戻りたがらない

答え合わせ

退屈

正解は**退屈**です。文字数はともかく、**つまらない場所**も正解です。**手狭**と答えた方は、△。たしかに、あまりに狭すぎるのはNGですが、インコは比較的狭いところが好きですからね～。

ケージの中にいても退屈だと、インコは戻りたがらなくなります。次の4つに心当たりがあるなら、それが原因かもしれません。

①ケージに戻したあと、あまり構わなくなる
②ケージ内にオモチャがない
③ケージの外でもエサや水をとることができる
④放鳥できない日がある

また、ケージにきちんと戻れたら、ぜひごほうびを与えてください。「ケージに戻る＝大好きなものがもらえる！」とわかれば、自発的に戻ってくれるようになりますよ。

20 行動

〓〓 すると、卵を産むことも

答え合わせ

発情

答えは、何度か登場している**発情**です。ピンときた方も多かったのではないでしょうか？　**受精**や**交尾**も正解ですが、妊娠しなくても卵を産むのがインコの特徴なんですよ。

1羽で飼っているインコが卵を産んだ!?　びっくりしてしまいますが、**インコをはじめとする鳥は、交尾をしなくても卵を産めるのです。**1羽で産んだ卵を「無精卵」、交尾を経て産んだ卵を「有精卵」といい、無精卵からはヒナは産まれません。1羽で飼っているメスのインコが卵を産んだということは、**飼い主さんやおオモチャ、鏡に映った自分をパートナーと考え、発情したのだと考えられます。**

野生のセキセイインコの発情は年に1～2回。これを超える場合、「過発情」になります。

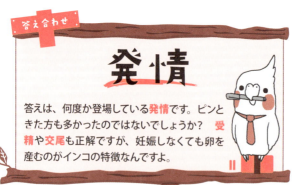

インコドリル

インコの発情編

応用問題

問 》次のうち、インコの発情のサインに○をつけよ。

1. 尾羽を上げる

メスが交尾に誘うための動き！

発情している相手に寄りそって、尾羽をグッと上げるのは、メスが交尾に誘うときの行動。愛があふれて、「あなたの子どもがほしいな♡」と迫っているのです。

2. お尻をこする

オスが交尾するときのしぐさ

お尻をこすりつけるのは、オスのインコに見られる行動。相手への愛が深まり、交尾しようとしています。飼い主さんの頭や手にこすりつけてくることもありますよ。

3. 髪にもぐる

好きな人の側で巣をつくれるなんて♡

114 ページでお話ししたように、巣があると発情しやすくなります。髪を巣に見立てると、大好きな飼い主さんが側にいることもあり、発情レベルが急上昇することも！

4. ノッキング

オスの求愛行動の可能性も…！

110 ページで紹介しているノッキングですが、じつはオスの求愛行動の可能性が。発情したオスのインコは、音を鳴らしてメスの気を引こうとするのです。

5. 攻撃的になる

発情すると興奮しちゃうの

インコは、発情すると興奮しやすくなり、気持ちをコントロールするのが難しくなります。攻撃的になり、ささいなことでキレたりします。

6. 大きなウンチ

産卵場所は清潔にしなきゃ！

発情したメスのインコは、産卵する巣を汚さないように、ウンチをまとめて放鳥中にするようになります。そのため、普段よりウンチが大きくなるのです。

112、149 ページもチェック！

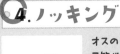

課題5

飼い主さんへの態度から読みとろう

自分に対するインコの態度は、いったいどんな気持ちからくるものなの？　125ページから紹介する内容をチェックする前に、インコからどれくらい愛されているかをチェックしてみましょう！

インコからの愛されレベルチェック

当てはまるものに○をして、Ⓐ～Ⓒの合計点を算出しましょう。

A

- □インコが手や肩に乗ってくる
- □呼びかけると反応する
- □あなたが発した音や声をマネしようとする

※チェックAは、1つ1点とする

B

- □ケージに近づくと、インコがウキウキする
- □あなたの手から渡したものは、なんでも食べる
- □体をカキカキすると喜ぶ
- □知らない人がいても落ちついていられる

※チェックBは、1つ2点とする

C

- □あなたがうたうと、インコもうたったり踊ったりする
- □放鳥中も、基本的にあなたのそばにいる
- □吐き戻しをされることがある

※チェックCは、1つ3点とする

診断結果をチェック!

合計点によって、インコからの愛され度が見えてきます！

0～5点

― 愛され度 ―
40%以下

あなたはインコにとって、どうでもいいか、都合のよい存在なのかも。『インコドリル』でインコについて学んで、絆を深めましょう。

6～12点

― 愛され度 ―
60%

あなたはインコから信頼されているようですね。気持ちとしては、「Love ＜ Like」といったところ。いっしょにいる時間を増やせば、さらに関係が深まりそう！

13～20点

― 愛され度 ―
80%以上♥

あなたはインコにとても愛されています♡　インコもとっても幸せそう。ただし、愛が深まりすぎて発情させないように注意を！

手をなめるのは□□□□不足!?

手に乗ったインコが、指をペロペロ……。犬や猫に当てはめて、「わたしへの愛かな?」なんて思いがちですが、じつはインコの辞書に「なめて愛情表現」はありません。ときどき見られる程度なら遊んでいる可能性が高いですが、頻繁に行う場合は体内のミネラル不足が原因かも。

いちばんの近道は、主食をペレットに切り替えることです。シードをメインで与えているなら、普段から青菜やカルシウム飼料や塩土などの副食（160ページ）をきちんと食べてもらえるよう工夫しましょう。

答え合わせ

ミネラル

愛情だと2文字足りないし、スキンシップやコミュニケーションだと文字数がちょっと多いなぁ。……なーんて頭を悩ませた方、残念! じつは、答えはミネラル不足なんです。

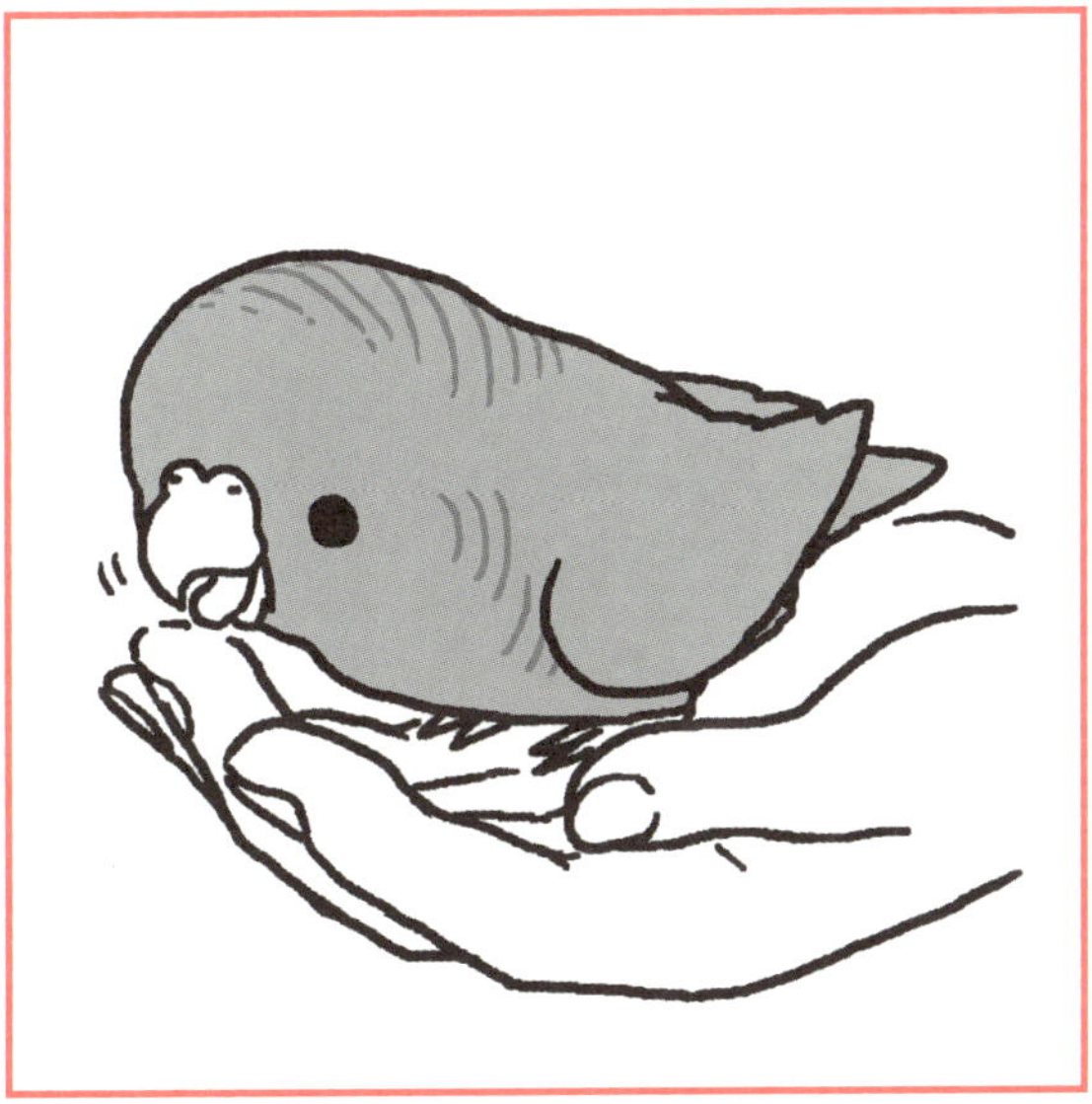

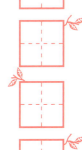

2 対飼い主

□□や□□□のために咬む

答え合わせ

恐怖や意思表示

好意や**愛情表現**と回答された方、甘咬みならそういう意図もありますが、本気咬みの場合は残念ながら**恐怖**を感じている可能性大！　または、誤った**意思表示**の可能性もあります。

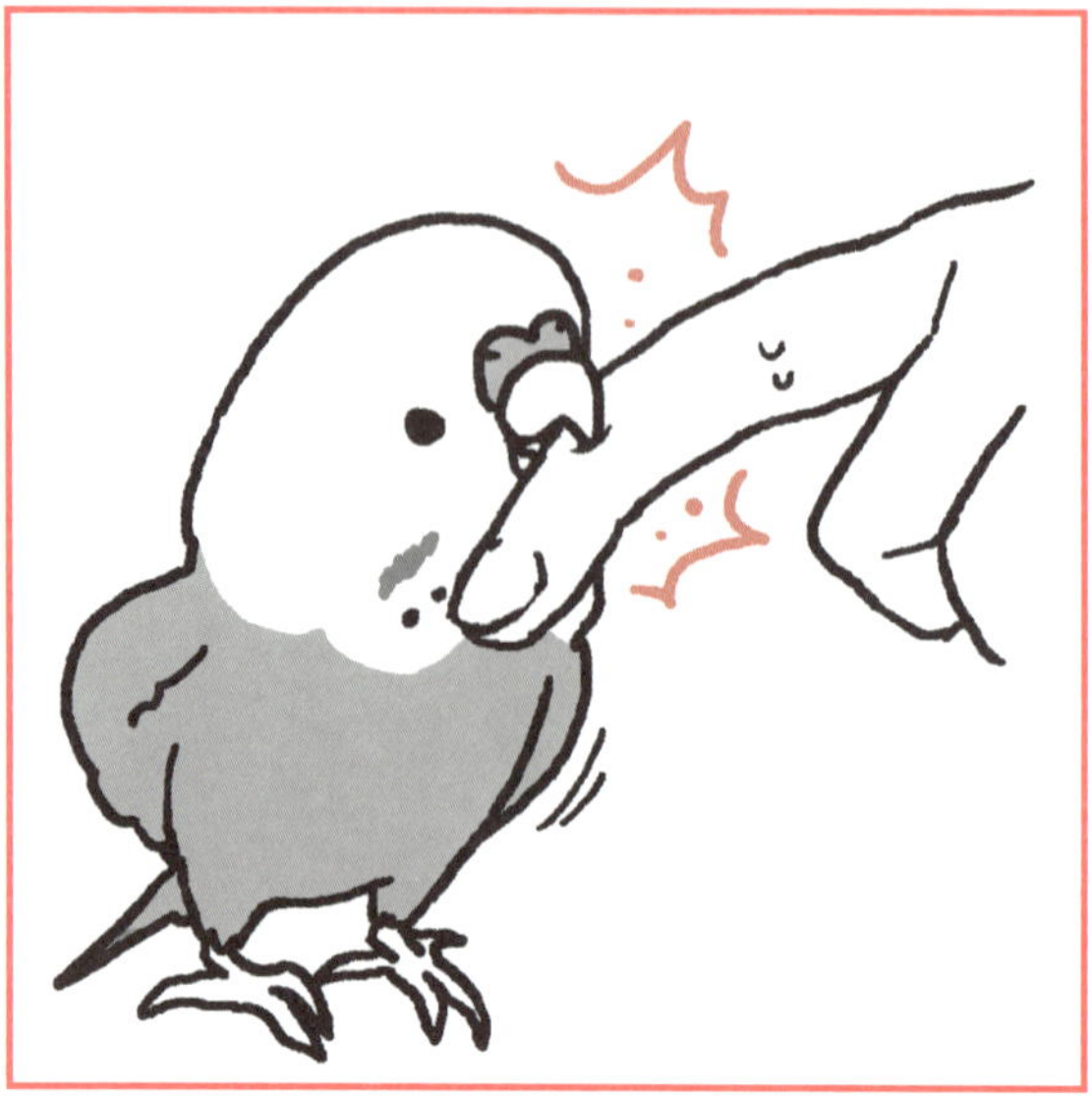

ガブッと本気で咬んでくる理由はいろいろありますが、臆病な子の場合は、恐怖心を覚えていて、身を守ろうとしているのかもしれません。無理やりつかまれた経験があるなど、「手」に嫌なイメージがあるのかも……。

　また、咬むこと自体が呼び鳴き（68ページ）などと同じく、意思表示になっている可能性もあります。「ケージに戻りたくなくて咬んだら、引き続き外で遊べた」など、過去の経験から「咬めば伝わるんだ！」と学習しているのでしょう。咬みグセがつく前に対処したほうがよいかも。

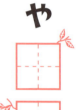

最近咬まれるようになった！

飼い主のDさん

うちのウロコちゃん、すごくいい子なんですよ。でも、この間引っ越してから咬みつくことが増えて……。痛いって伝えるためににらんだりしているんですけど、あまり効果がないんです。

咬まれてもノーリアクションを徹底しましょう。

おやおや、マジメなウロコちゃんがめずらしいですね。環境が変わって、気持ちがそわそわしているのでしょうか。さて、咬まれたときですが、にらむなどの反応をせず、ノーリアクションでその場を立ち去るのが正解。「咬んでもいいことがない」と教えることが大事なのです。手を出しても咬まなかったときはたくさん褒めて、「咬まない＝正しい」と教えましょう。

ご、ごめんなさい！うっかり咬んでしまったとき、見つめてくれたのがうれしかったの。やっぱり痛かったのね……。もう咬まないようにするわ。

インコに質問！

咬んだあとのうれしいリアクション Best 3

1位 にらむ
「たくさん見つめてくれてる！」「アツいまなざし♡」

2位 手を揺らす
「わーいっ！　楽しい遊びがはじまったぞ～!!」

3位 怒鳴る
「飼い主さんが、たくさん話しかけてくれてる！」

3 対飼い主

甘咬みは□□□□□のつもり

答え合わせ

羽づくろい

答えは**羽づくろい**ですが、広い意味で**愛情表現**でもOK。カキカキは飼い主からインコへの、甘咬みはインコから飼い主への愛情表現ですね。**スキンシップ**とお答えの方も意味としては正解。

手加減してはむはむと咬んでくる甘咬み、**インコにとっては羽づくろい（146ページ）のつもり**です。お返しにカキカキをしてあげると、もっと仲よくなれますよ。同じように、髪の毛をやさしくかじるのも、羽づくろいで愛情を伝えてくれているのでしょう。

ところで、インコのクチバシは鋭く、甘咬みでも痛かったり出血したりすることがあります。我慢していると、インコはその強さが正しいと思ってしまうかも。**お返しのカキカキをせずにインコから離れ、「その咬み方はダメだよ」**と伝えましょう。

手に乗るのは□□しているから

答え合わせ

期待

信頼とお答えの方。たしかに、怖がっているインコの場合手には乗りませんが、回答としては△といったところ。手に乗ってくるインコには、もう少し明確な目的があるのです。

手乗りインコは、インコ飼い初心者さんのあこがれですね！手に乗ってくるというのは、「この人は怖い人じゃない」と認識し、飼い主さんのことを信頼している証拠です。

では、インコがどんな気持ちで手に乗るのかというと、「ケージから出してもらえるかも」「カキカキしてもらえるかも」など、飼い主さんの「手」に何かを期待しているから。逆に、「病院行きのキャリーに押しこまれるかも」「ケージに戻されるかも」などと警戒しているときは、手には近寄らなくなるでしょう。

5 対飼い主

ニギコロは□□しきっている証

答え合わせ

信頼

飼い主さんの手でお腹を見せるニギコロ。**信頼**、**安心**などとお答えの方は正解！　犬のように**服従**とお答えの方、じつは犬の場合も降参や遊びなどが理由で、服従ではないんですって！

軽く握った手の中に入り、お腹を見せてコロ〜ン。これは、「ここには危険なんてない！」と、飼い主さんを信頼しきっている証拠です。無防備に身をゆだねてくれる姿を見ると、うれしくなっちゃいますね。

ところで、どんなになれていても、ニギコロをしないインコはたくさんいます。ニギコロする、しないは個体差が大きいので、無理にニギコロの姿勢を取らせるのは厳禁ですよ。なお、コザクラ、サザナミ、ウロコといった鳥種は、ニギコロが得意な傾向があります。

6 対飼い主

服に入るのは□□□□たいから

答え合わせ

くっつき

側にいたい、と回答された方も正解です！
発情したいとお答えの方、しようと思って発情しているわけではないのですが、結果としては間違っていません。△としておきましょうか。

袖口や襟ぐりから服にもぐりこんでくるインコの心理は、「飼い主さんにくっつきたい！」がほとんどです。または、探検気分で遊んでいるか、洋服の中が暖かくて居心地がよいのかもしれませんね。

ですが、これが頻繁になると、服の中を巣だと思いこんだり、飼い主さんとのスキンシップが密になりすぎたりして、発情を誘引することがあります。また、飼い主さんが転んで、服の中にいるインコに大ケガを負わせてしまうことも。服にもぐらせるのはほどほどにしましょう。

対飼い主 7

頭に止まるのは□□な場所だから

答え合わせ

安全

ヨウム校長のサービス問題です！　正解した飼い主さんも多かったようですね。そちらの方、ステキな場所ですか？　たしかに、見晴らしはいいし髪はオモチャになるし、ステキです！

人になれているインコなら、はじめましての人の頭の上に乗ることもあります。「わたしのこと信用してくれたのかな?」なんてうれしくなりますが、じつは頭に乗るインコの気持ちは、興味と警戒が半々といったところ。頭の上にいれば、手が伸びてきてもすぐに逃げられますし、見晴らしがいいから何かあったらすぐ飛び立てますよね？　インコにとって人間の頭の上は、安全が確保された場所なのです。

なお、頭に乗ったインコがお尻をこすりつけてくるのは、発情している可能性が高いです。

8 対飼い主

肩に止まるのは□□□たいから

答え合わせ

見守り

側にいたい、とお答えの方も正解です。もう少し厳密に、**飼い主の顔の近くにい**たい、とした方も、文字数云々はありますが大正解！　頭の上に止まるより、親密度が高めになります。

人間の肩の上に止まるのは、その人への興味が高く、見守っていたいという気持ちの表れ。肩の上にいれば、声を近くで聞けるし、何かに集中しているなら様子を見ていられる。楽しそうにしているときは、その時間を共有することもできます。揺れるピアスやネックレスが気になるのかもしれませんが……。

もしも、愛鳥が手には止まらず肩にのみ止まるなら、まだ少し手に抵抗感があるのかも。ですが、頭の上に止まるよりは、飼い主さんへの信頼度は高め。焦らずに関係性を築いてくださいね。

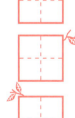

対飼い主 9

頭を押しつけて□□□□要求

答え合わせ

カキカキ

カキカキのほか、**なでて**や**スキンシップ**とお答えの方も意味合いは正解です！　手に頭を押しつけることから、**どいて**などとお答えの方、さみしいから離れていかないでください〜〜!!

飼い主さんの手に近づいて、頭を下げたり押しつけてきたりするのは、「カキカキして」のサイン。「なでて!」とわかりやすく伝えてくれています。応えると、愛鳥との絆が深まりますよ。

こんな風に、インコに「○○して」とアピールされたとき、どのくらい応じられるかは飼い主さんによって違います。すべてに100%応えるのは難しいかもしれませんが、スルーし続けると、インコの不満は募るばかり。応じられないときは、「後でね」などと声をかけ、手が空いてから応じてください。

対飼い主 10

□□□□があればウソもつく

答え合わせ

メリット

利点や**うまみ**とお答えの方も意味としては正解。「あんなにピュアなインコがウソなんて」と否定したくなるかもしれませんが、頭がよいインコは、ウソだってお手のものなんです。

インコがウソをつくのは、「エサを食べないでいたら、もっとおいしいものがもらえた」「オモチャに絡まったふりをしたら飼い主さんが構ってくれた」など、**インコにメリットがあるとき**。なお、「ふり」のつもりが本当に絡まっていた、なんてこともあるので、ウソだと思っても、念のため確認はしてくださいね。

ちなみに、**野生のインコもウソをつくことがあります**。たとえば親鳥は、敵に狙われたとき、体調が悪いふりをして自分に意識を向けさせ、ヒナを逃がそうとすることもあるそうです。

11 対飼い主

インコはかなり□□深い

答え合わせ

嫉妬

愛情でも正解ですが、ここでは一歩踏みこみ、**嫉妬**深さを解説します。**罪**深いとお答えの方、たしかにインコの愛くるしさは罪ですね。えっ、**毛**深い!? たしかに羽毛にまみれてますけど!

インコは、特定の1羽やひとりをパートナーと考えます。大好きな相手には、自分のこともいちばん大事に思ってほしいと思うもの。ほかのインコや人、またスマホなどの〝もの〟を構っていると、嫉妬心が募ってしまうことがあります。

なお、インコどうしの場合、嫉妬心を抱くのは、基本的に「自分より下」の立場のインコに対してだけ。自分より先に迎えられたインコなど、相手を「自分より上」と認識している場合は、「まあ、仕方ないか」とあきらめがつくようです。

12 対飼い主

邪魔をするのは□□□ほしいから

答え合わせ

構って

遊んで、こっちを見てなどとお答えの方も意味的には正解です！　……えっ、**不幸になって**、ですか⁉　そんなことないですよ〜！　もう少しだけ**構って**ほしいなって、それだけなんです。

放鳥中のインコが、スマホや雑誌、テレビなどに飛び乗って、飼い主さんの視界をふさぐことがあります。これは、「こっちを見てよ！」「遊んでよ！」と、構ってほしい気持ちから。インコは、コミュニケーションを大切にしたい生きもの。放鳥時間中は、〝ながら〟ではなく、愛鳥としっかり向き合ってくださいね。

ほかにも、構ってもらう手段はいろいろ。洋服を引っぱったり、さかさまになったり、わざとイタズラしたり。これらの行動が見られたときは、インコの呼びかけに応えてあげましょう。

13 対飼い主

お話ししてほしいときは□□に近づく

飼い主さんの口もとに近づくのは、**「おしゃべりして！」というインコからのリクエスト**。家族と会話しているときにこの行動が見られるなら、「わたしの名前を呼んで！」「わたしのこと、みんなで話して！」とお願いしているのかも。「○○ちゃんはかわいいね」などと声をかければ、グッと絆が深まりますよ♪

なお、飼い主さんが食べているものが気になるとき、インコが口もとを確認しにくることがあります。かわいい姿にほっこりしますが、**くれぐれも人間の食べものは与えないでください**ね。

答え合わせ

口

顔、**手**、**頭**などなど……。いろいろな答えが当てはまりそうですが、正解は**口**。インコは、飼い主さんの声がどこから出ているか、ちゃーんと理解しているんですよ！

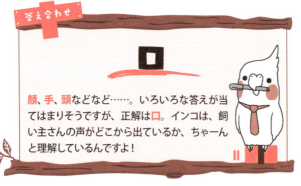

14 対飼い主

いっしょに食事して時間を□□

答え合わせ

共有

何度かお伝えした「いっしょ」というフレーズから連想できた方も多いのではないでしょうか。答えは**共有**。まさか、時間を**逆行**なんて、SF的な回答をされた方はいないですよね……？

インコはいっしょであること、何かを共有することで安心感を覚えます。そのため、飼い主さんが食事をはじめたタイミングでエサを食べ、時間や行動を共有しようとすることがあります。愛鳥が同じタイミングで食事をはじめたら、「おいしいね〜」と声をかけてみて。気持ちも共有でき、インコは飼い主さんをより密に感じます。

共有は、眠るときにも当てはまります。寝ている飼い主さんを見て、「ここは安心なんだな」と、インコがうとうと眠りはじめる、なんてこともあるんですよ。

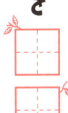

15

対飼い主以外には攻撃的に!?

答え合わせ

パートナー

大好きな人や、**つがい**などでも意味的には正解。ちなみに、**大人**以外……つまり、子どもに対して攻撃的になるインコもいるので、こちらも正解としましょう。インコ心は複雑なのです。

136ページでインコの嫉妬深さを紹介しましたが、パートナー以外の相手を敵とみなしてしまうインコがいます。この状態のインコを「オンリーワン」といい、家族を咬んでケガをさせてしまったり、パートナー以外からのごはんを受けつけなくなったりすることも。家族みんなと仲よくできるように練習しましょう。

なお、「高い場所にいるほうが偉い」の理論（115ページ）で、背が低い子ども相手に攻撃的になるインコがいます。そんなときは、ケージを低い位置に置いて、インコの目線を下げましょう。

家族の1人にだけなついている

飼い主のAさん

コザクラちゃん、わたしになついてくれるのはうれしいのですが、夫やほかの人に攻撃的になっちゃうんです。わたし以外からはごはんも食べないし……。このままでいいんでしょうか？

パートナーの方、ふれ合いを少し控えて

あらら。コザクラちゃん、「オンリーワン」になっているようですね。パートナーの方は、少しふれ合いを控えましょう。そのうえで、しばらくは、おやつをあげるなどのインコに好かれる役を、ほかの方が行うようにしてください。また、インコがほかの方を咬んだとき、パートナーが笑うのは絶対にダメ。パートナーに喜んでもらおうと、問題行動をくり返すようになりますよ。

愛するママさんとの仲を邪魔されると思ったんだもの。でも、最近はパパさんからおやつをもらえるし、パパさんのことも好きになってきたわよ。

インコに質問！

パートナー以外を見直すとき Best 3

1位 おやつをもらえた
「おいしいものをくれるなんて、この人ステキ！」

2位 パートナー以外とお出かけ
「頼れるのはこの人だけ。側にいてくれて安心したわ」

3位 側にいる
「最近、この人が側にいてくれるの。認めてもいいかな」

16 対飼い主

泣いている人は□□□たくなる

答え合わせ

確認し

飼い主のみなさま、ごめんなさい！　なぐさめたくなる、の誤回答を狙った引っかけ問題でした。冷静に**確認し**たくなる、**観察し**たくなると回答された方はさすがですね。大正解です！

悲しいことがあって、涙がポロポロ……。そんなときにインコが寄りそってくれると、「なぐさめてくれているのかな？」って癒されますよね。ですが、インコになぐさめるつもりはありません。**飼い主さんの様子がいつもと違うので、「どうしたのかな？」と確認しにきている**というのが、実際のところ。

とはいえ、悲しいときにいっしょにいてくれるのはうれしいもの。「ありがとう」と声をかけてみて。反応をもらえたことでうれしくなって、また同じことがあったとき、側にいてくれますよ。

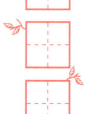

インコ4コマ いっしょ編1

「ただいま」の二乗

挙手は完ぺき!

課題6 インコどうしの関係から読みとろう

インコどうしのコミュニケーションも、対人間と同じように、鳴き声やボディランゲージで交わされます。では、インコに好かれるインコって、どんな風なのでしょう? じっくり解説してまいります!

インコに好かれる子、嫌われる子

インコに好かれるのは空気が読める子!?

インコには、「ひと目ぼれ」はありません。基本的には、時間をかけて相手を知り、それから「好き」「嫌い」を判断します。では、どんな相手を好むかというと、「空気が読める」インコ。自分の心の機敏を察知して、距離感をはかってくれる相手を好ましく思うのです。なお、第一印象の影響も少なからずあり、感覚的に「仲よくできない」と判断し、相手との間に壁をつくってしまうこともあります。ゆっくり慣らしていけば仲よくなれることもありますが、時間と根気が必要です。

仲間から無視されるのはオスのインコが多い!?

仲間のインコの表情や行動から、気持ちを読みとれないインコがいます。そうして嫌われてしまい、仲間に無視されるインコはオスに多く、アプローチのタイミングが悪かったり、相手の要求がわからなかったりして、メスに振られてしまうこともしばしば……。

嫌がられているのにしつこい

相手の願いを察せない

プロポーズの前に交尾する

インコにはモテなくても、飼い主さんには「甘えじょうず」って人気だったりするんだって!

1 対インコ

寄りそうのは□□□□の証

答え合わせ

仲よし

正解は**仲よし**。ストレートすぎて、逆に難しかったかもしれませんね。**険悪**の証、などとお答えの方、インコはそんな器用ではありませんよ。好きな相手とはいっしょにいたいんです！

仲のいいインコの場合、四六時中いっしょにいるケースも珍しくありません。片方が飛んで行ったら追いかけ、先に飛んだインコがパートナーを呼び……と、つねにラブラブ♡　これは、男女のペアだけにいえることではなく、相性がよい同性のインコも同様です。とはいえ、コザクラやボタンといった「ラブバード」のペアは、この傾向がより強くなります。

そのため、2羽以上のインコと暮らす場合、インコどうしラブラブで「飼い主さんは眼中になし」ということも多くなります。覚悟してお迎えを。

対インコ 2

羽づくろいし合って□□交換

答え合わせ

愛情

こちらの答えは**愛情**。「交換」とつくと、**情報**と入れたくなりますが、残念ながら「羽づくろいをすれば体調がわかる！」なんてスキルを、インコは持ち合わせていません。

ペアのインコがお互いの羽づくろいをし合うのは、スキンシップの一環。安心感を覚えたり、愛情を感じ合ったりするための行動です。また、羽毛にふれられることで、刺激が皮膚から脳へ伝わり、快感を覚えることもわかっています。

人間をパートナーと捉えているインコは、飼い主さんの髪の毛を羽づくろいしたり、甘咬みしたりして愛情表現をします。お返しにカキカキすると、インコは満足しますよ。ただし、やりすぎは発情を誘引する可能性もあるので、注意しましょう。

3 対インコ

おしゃべりは□□交換のため

答え合わせ

情報

こちらの答えは**情報**です。こういうところ、人間と似ているんですよね〜。**愛情**とお答えの方、たしかに愛をささやき合っている可能性もありますが……△としましょう。

仲のいいインコが、「ピィピィ」とインコの言葉でおしゃべり。これは、人間の井戸端会議のように、情報交換をしているのだと考えられます。インコの伝え方は人間に近く、音声をメインに、ときに身ぶりを交えて気持ちや考えを伝え合うんですよ。

何を話しているか、正確なところはわかりかねますが、「飼い主さんって本当ステキだよね〜」なんてアテレコしてにんまりしてみては？「最近掃除サボっているよね」なんて思い当たる節があるなら、本当にウワサされないうちに改善しましょう。

4 対インコ

シンクロは□□□の第一歩

答え合わせ

仲よし

シンクロ、いっしょ、共有……。ここまで読んだ飼い主さんにとっては、簡単な問題だったかもしれませんね。……**絶縁**の第一歩なんて、悲しい回答された方、まさかいないですよね？

群れで行動するインコは、同じタイミングで飛び、食事をすることで安心感を覚えます。そうやって、大きな群れの中に同化することで、敵から身を守ることができるからです。

同じタイミングで羽づくろいしたり、食事をとったりと、**行動がシンクロするのは、お互いの存在を認識し、仲間だと認めているから**。仲よしのインコどうしは、自然と行動がシンクロするものです。普段あまりいっしょに行動しないインコの行動がシンクロしているなら、仲よしの第一歩といえるかもしれません。

5 対インコ

吐き戻しは彼女への

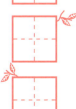

答え合わせ

プレゼント

口にくわえたエサを、相手の口もとへと吐き出す「吐き戻し」。愛ゆえの**プレゼント**というのが正解になります。**嫌がらせ**なんてお答えの方、愛鳥さんが、切ない顔で見ていますよ！

発情期に入ったオスのインコは、口にふくんだエサを、メスの口もとに吐いてプレゼントする、「吐き戻し」を行うことがあります。これは、**インコ流のプロポーズ**。メスがOKをすると、そのまま交尾が行われるのです。この求愛行動は、ペアのインコどうしだけでなく、飼い主さんや鏡の中の自分に向かって行われることもあります。

なお、そのう（33ページ）の病気にかかっていても、食べものを吐くことがあります。様子を見て、おかしいなと感じたら、直ちに動物病院を受診しましょう。

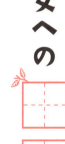

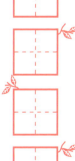

6 対インコ

インコのけんかは□□が勝負！

答え合わせ

一瞬

クチバシの強さ、体力、体の大きさ……。インコの強さについて真剣に考察した方は60ページを思い出して。インコの怒りの性質として、けんかは**一瞬**の勝負、というのが正解です。

インコが**けんかを吹っかける理由は、自分の身やポジションを守るためだったり、思い通りにならない怒りが原因だったり**とさまざま。ただ、**インコは熱しやすく冷めやすい性格**。よほどのことがない限り、怒りは持続しません。攻撃したとしても、相手が逃げたり反撃してこなければ、けんかは一瞬で片がつくことがほとんどです。

ただし、気が強いインコや、発情期で感情をコントロールできないインコの場合、自分のテリトリーを守るために戦い続け、大ケガにつながる可能性も。

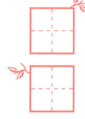

7
対インコ

□□を見たくてわざと怒らせる

尾羽を引っぱったり、しつこく追いかけたりと、ほかのインコをわざと怒らせることがあります。案の定反撃されているのを見ると、「何がしたいの？」と不思議ですよね。これは、仲間の様子を確認するための行動。すぐに反撃してくる、逃げる、無反応……など、どんな反応が返ってくるかを見ています。そうすることで、仲間のコンディションや、自分の立ち位置がわかるというわけ。群れの中に弱ったインコがいると、自分にも危害が及ぶ可能性もありますから、自己防衛のためにも必要なのです。

答え合わせ

反応

わざと怒らせるなんて、小学生男子のようですね。でも、別に好意の裏返しってわけじゃないんですよ。答えは、**反応**。……いいえいえ、**怒った顔**を見たいとか、そういうことじゃなくて！

インコ4コマ いっしょ編2

負けたくない！

ひとりよりはマシ

INKO DRILL
4
時間目

インコとくらす

インコの知識や気持ちについて理解したら、インコとの「くらし」について、13の穴埋め問題でおさらいしましょう。インコ暮らしが長い方にはラクショーかもしれませんね♪

結局おやつが好きなんですけど！

先生も
おやつには
目がありません！
じゅるっ
とくに
ヒマワリの種が
イチオシで
ずっと食べて
いたいほど…
わかるーっ
こらこら
おやつもいいけど
健康のためには
きちんとした食事を
とりましょうね
いつの間に!?
おやつは
ほどほどに
ペレットを
しっかり
食べましょう
はあーい
その後
失礼
しまぁー…
やっぱり
おやつは
最高です♪
!?
もしゃ
もしゃ
ヨ…
ヨウム校長!?
クルミ
落花生
ドライ

健康のために正しい□□管理を

答え合わせ

食事

愛鳥の健康を祈る飼い主さんが管理できることって？　**体重**や**発情**などとお答えの方も正解ではありますが、ここではもう少し広い意味で**食事**管理についてお伝えしてまいります！

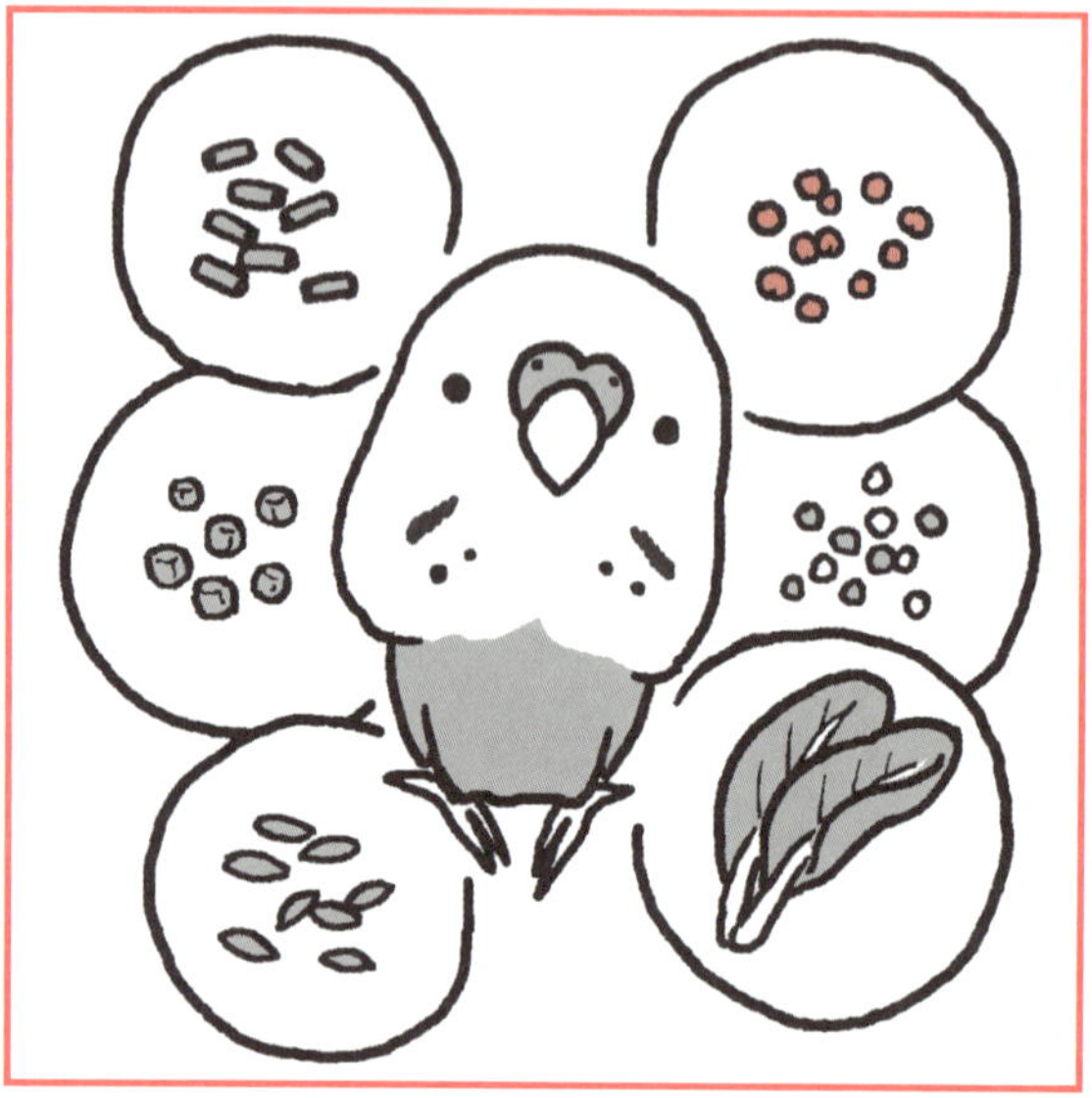

人間と暮らしているインコは、飼い主さんが用意した食べものからのみ、栄養を摂ることができます。偏った食生活は、免疫力の低下などを招き、病気にかかりやすくなる原因に……。

インコが健康でいるためには、**3大栄養素のたんぱく質、脂質、炭水化物に加え、ビタミン、ミネラルなどをバランスよく摂る**必要があります。主食と副食の役割をきちんと理解しましょう。

また、鳥種ごとの食性を知ることも大切。本書は、セキセイやオカメなど**「穀食性」のインコに適した食事を紹介**します。

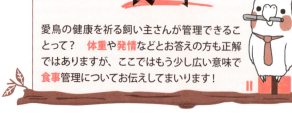

補習授業

もっと知りたい

インコの栄養学について

インコに必要な栄養素はさまざまで、単一の食材ばかりでは、どうしても栄養が偏ってしまいます。理想は、いろいろな種類の食べものから栄養を摂れること！　ここでは、インコに必要な栄養を学びましょう。

テーマ　インコに必要な栄養素と役割は？

3大栄養素「たんぱく質、脂質、炭水化物」

たんぱく質

筋肉や脂肪、血、クチバシなどの体をつくる主要な栄養素です。不足すると、発育不足や体重減少の原因になります。

脂質

インコが活動するためのエネルギー源。不足すると、発育不全や、感染症などへの抵抗力の低下を招きます。

炭水化物

活動するためのエネルギー源になります。不足すると活動力が低下しますが、反対に摂りすぎると肥満の原因にも！

さまざまなビタミンやミネラル

必要なビタミンやミネラルは、数え切れないほどあります。とくに大事なのは、皮膚の状態を保つビタミンA、神経の働きを正常に保つビタミン B_1、骨や卵殻を形成するカルシウム、炭水化物と脂質の代謝を促すリン、血液の形成に必要な葉酸などです。

ビタミン D_3 は日光浴で

骨や卵殻の形成に必須のカルシウムですが、いっしょにビタミン D_3 を摂取しないと、体に吸収されません。ですが、ビタミン D_3 は、シードや青菜には含まれていない栄養素。摂取するには、日光浴をして体内で合成させるか、栄養剤などを与える必要があります。

まとめ

インコを健康に育てるには、3大栄養素のほか、いろいろな食べものを与えて、ビタミンやミネラルを十分に摂取させる必要がある。

ペレットを□□にするのが理想

答え合わせ

主食

インコの主食というと、シードを思い浮かべる方も多いため、いきなりペレットの話で驚いた飼い主さんもいらしたかもしれませんね。じつは、ペレットを**主食**にするのが理想なんですよ。

ペレットは、飼い鳥に必要な栄養素をバランスよくとれるように工夫された、「総合栄養食」です。シードを主食にすると、必要な栄養を十分に与えることが難しいので、ペレットをメインで与えるのが理想的です。

〝理想〟といったのは、ペレットを食べてくれないインコが多いためです。苦手な子は、①シードにペレットの粉をかける、②小さなペレットから混ぜる、③ペレットの比率を増やしていく……と、段階を経て切り替えましょう。その際、**食べ残しがないか、体重が落ちていないかこまめに確認を。**

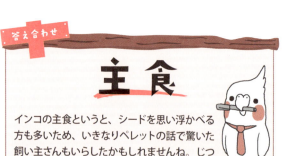

シードは□□□□して与えよう

答え合わせ

ミックス

厳選とお答えの方、質へのこだわりは重要かもしれませんが、いろいろ**ミックス**して与えるほうが大事なんです。えっ、細かくですか？　それ以上砕いたら、粉になっちゃいます！

穀物種子・シードは、もっともポピュラーなインコの食事です。ペレットよりも安価で、食いつきもいいため、主食として与えている飼い主さんも多いよう。

シードを与えるとき、同じ種類ばかりだと栄養が偏ります。おすすめは、ヒエ、アワ、キビ、カナリーシードがミックスされた「小鳥のエサ」。寄り好みしていないか、かならず確認しましょう。

なお、シードには「カラつき」と「カラむき」があります。基本は、栄養が豊富で、カラをむく楽しみもある「カラつき」を与えましょう。

RANKING
1 CANARY SEED
2 SOBA
3 KIBI

4 くらし

副食で□□□□バランスを整える！

答え合わせ

栄養

バランスが最大のヒント。正解の**栄養**を導きだせた方も多そうですね！　**ボディ**や**体幹**とお答えの方は、インコの大胸筋フェチですか？　あのライン、うっとりしますよね♡

シードが主食の場合、副食での栄養補給が必須です。ペレットが主食でも、食の楽しみを増やすために、ぜひ与えましょう。

代表的な副食を3つ紹介します。ひとつめは、栄養が豊富な「青菜」。おすすめは、小松菜やパセリ、豆苗です。2つめが、カキの殻を砕いた「ボレー粉」や、イカの甲「カトルボーン」などの「カルシウム飼料」。リンが豊富なシードが主食のインコは、代謝異常を防ぐためにもかならず与えましょう。3つめは「塩土」で、消化器官の調整とミネラル摂取に役立ちます。

□□に合った食事を与えて

ヒナ鳥とおとなのインコでは、必要な栄養素が異なります。**成長ステージに合った食事を与え**、インコの健康を守りましょう。

とくに、**成長期のヒナは体をつくるたんぱく質が重要**です。挿し餌が必要なうちは、専用のパウダーフードを適量与えましょう。アワ玉のみを与える飼い主さんもいますが、栄養が決定的に不足するのでNGです。

なお、加齢に伴いインコの代謝は落ちるもの。高カロリーのフードを与え続けると太りやすくなるので、体重や体型を見て量や内容を見直しましょう。

答え合わせ

成長

体調、**体型**とお答えの方も正解です。健康のためには、これらに合った食事を考えることは大切ですもんね！　**成長**、**年齢**とお答えの方は、すばらしい!!　花丸です♪

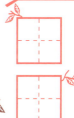

おやつは□□□□与えよう

答え合わせ

ときどき

たっぷり、たくさんなどとお答えの方、与えすぎは肥満のもとですから、ダメですよ～!! 正解はときどきです。ごほうびとしてとお答えの方、文字数はともかくすばらしい回答です！

インコも人間も、おやつが大好きなのはいっしょ！ 大好物があることは大切で、トレーニングや病院のあとのごほうび、こじれた関係を回復するための手段、食欲回復のきっかけなど、いろいろなシーンで役立ちます。

おやつは、「インコ用」として市販されているもののほか、ひまわりの種や煎り大豆、ドライフルーツなどが代表的。いろいろ与えて、愛鳥の好物を知っておくとよいですよ。

ただし、おやつの与えすぎは栄養不足や肥満の原因になるので、十分注意しましょう。

インコドリル

応用問題

与えてはダメなもの編

問))) 次のうち、インコに与えてよいものに○をつけよ。

✕ 1. アボカド

呼吸器の障害で死に至ることも！

インコの大好物、くだものですが、アボカドは厳禁です。アボカドに含まれるペルシンは、呼吸器障害や循環器障害を引き起こします。少量で死に至ることもあるほど……。

✕ 2. チョコレート

カフェインで中枢神経に障害が

チョコレートにふくまれるカフェイン、テオブロミンは、中枢神経や循環器に障害を起こすので、少量でもNG。コーヒーも、カフェインが含まれるので危険です。

△ 3. ブロッコリー

アブラナ科の花や実は避けたほうがよい？

栄養が豊富なブロッコリーですが、アブラナ科の花や実には甲状腺腫を誘発する物質が含まれます。ブツブツしている部分、「花蕾」は与えすぎないようにして。

✕ 4. アルコール

歩行障害や下痢、嘔吐の原因に

アルコール類はもれなく厳禁です。少量でも摂取すると、運動障害や下痢、嘔吐を招きます。最悪の場合命に関わることも……。また、放鳥時に飛びこむ事故にも注意しましょう！

△ 5. 生の大豆

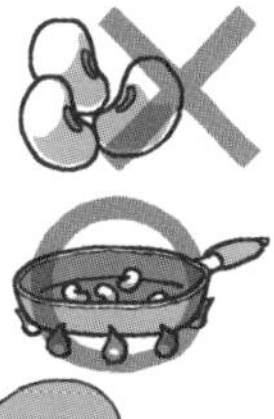

生大豆はNG 煎り大豆はおすすめ

生の大豆は、甲状腺腫や換羽異常を引き起こす物質が含まれているため避けて。煎り大豆は嗜好性もよく、必須アミノ酸も豊富に含まれるので、おすすめ食品のひとつです！

✕ 6. 観葉植物

中毒症状を引き起こすものが！

ポトスやポインセチアに代表される観葉植物は、中毒症状を引き起こすものが多く危険です。放鳥中のインコがかじってしまう事故も多いので、片づけましょう。

7 くらし

ケージは家族が□□□場所へ

答え合わせ

集まる

あ、あの……。いないとお答えの方、いらっしゃらないですよね？　インコはとってもさみしがり屋なんで、やめてくださいね～!!　ということで、正解は家族が集まる場所です。

くり返しお伝えしていますが、インコの願いは家族といっしょにいることです。玄関先などの人がいない場所にケージを置くのは、インコにとっては辛いだけ。ケージは、リビングなどの家族が集まる場所に置きましょう。ベストはテレビが見える位置で、飼い主さんといっしょにテレビを見てノリノリになるインコも多いですよ。

　なお、日の光が入るからと、窓際に置くのはNGです。温度差が激しいし、カラスやネコなどインコの天敵が視界に入ることもあり、インコが落ちつけません。

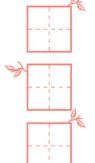

補習授業

もっと知りたい

ケージレイアウトについて

1日の大半をケージで過ごすインコのために、ケージ内は快適に過ごせるように整えましょう。ここでは、一般的なレイアウトをお教えします。あとは、愛鳥が落ちつける配置を、飼い主さんが見つけてくださいね。

テーマ)) 一般的なケージレイアウトって？

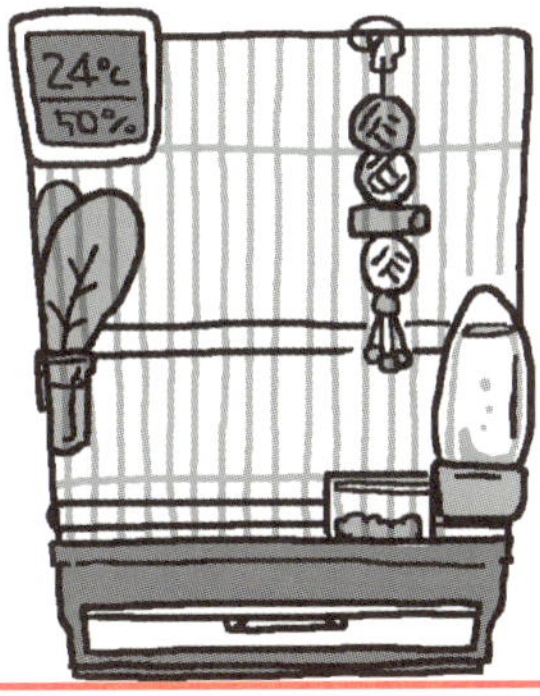

エサ入れ

食べやすい位置にセットします。ケージに固定できるタイプがおすすめ。

止まり木

インコが休む場所。止まり木の太さは鳥種に合ったものを選びましょう。

水入れ

飲みやすい位置に設置を。水が汚れない、ボトルタイプの給水器が便利！

温湿度計

ケージまわりの温湿度をつねに確認できるよう、ケージに取りつけましょう。

オモチャ

インコが退屈しないように、1～2個ケージに置いておくとよいでしょう。

菜さし

青菜をさせる場所をつくりましょう。ボレー粉入れを用意するのもおすすめ。

ケージのサイズは？

ケージは、体のサイズに合ったものを選びます。セキセイなどの小型は一辺が35cmくらい、オカメなどの中型は一辺が45cmくらい、ヨウムなどの大型は一辺が45cm、高さは60cmくらいが目安です。羽を引っかける原因になるので、複雑な形のものは避け、シンプルな四角形のものを選びましょう。

まとめ

ケージ内に置きたいアイテムは、エサ入れや止まり木など6種類。それを、愛鳥に合った場所に配置することが大切！

8 くらし

放鳥でインコとの□を深めよう

インコをケージから出して遊ぶことを「放鳥」といいます。運動不足やストレスの解消につながるほか、放鳥することで飼い主さんとの絆がグッと深まるので、できるだけ毎日放鳥しましょう。

朝と晩の2回、各30分～1時間程度遊ぶのが理想です。なお、放鳥時間は長すぎてもよくありません。部屋をケージ、ケージを巣箱と思うようになり、過発情などの原因になるからです。

放鳥の際は、脱走しないよう十分注意を。また、「ながら放鳥」はインコの心を傷つけます。放鳥中は愛鳥と全力で向き合って。

答え合わせ

絆

絆、**仲**などとお答えの方は正解です！　文字数云々はありますが、**コミュニケーション**、**信頼関係**もOK。とはいえ、放鳥のしかたによっては逆効果になることもあるので、気をつけて！

補習授業

もっと知りたい

部屋の危険について

インコを放鳥させるときは、室内の安全をしっかり確認しましょう！　人間にとってはなんてことないものでも、インコにとっては命の危険及ぶものがたくさんあります。ここでは、部屋にひそむ危険を紹介します。

テーマ 〉〉 部屋にひそむ危険なものとは？

なべ
炊飯器
観葉植物
開いたドア
ストーブ
アイロン
たばこ
刃物
とがったもの
薬

金属はとっても危険！

金属の中には、インコが摂取すると中毒を引き起こすものがあります。代表的なのが、カーテンの重りやステンドグラスの継ぎ目に使われている「鉛」、家具に使われている「亜鉛」や「スズメッキ」です。万が一口にしてしまったときは、一刻も早く動物病院へ行きましょう。

まとめ

部屋の中には、インコにとって危険なものが多いので、きちんと片づけてから放鳥させる。また、金属の成分をかならず確認する！

快適な室温は□～□度

答え合わせ

20～25

25～30度とお答えの方は、△といったところ。ヒナや老鳥、病気のインコの場合、保温したほうがよいので、こちらが正解になるのです。大人インコなら、20～25度が適温になります。

インコの原産国は、オーストラリアや南米など、比較的暖かい地域に集中しています。そのため、**インコは暑さに強く、寒さに弱いのが基本**。冬場の寒さで体調をくずさないよう、エアコンでしっかり保温しましょう。

とはいえ、あまりに暑すぎたり、寒暖差が激しかったりすると体調をくずす原因に。**1年を通して、ケージのまわりは20～25度を保ってください**。

なお、エアコンの風が直撃する場所にケージを置くのはNG。石油ストーブなど、呼吸器に負担がかかる器具も厳禁です！

日光浴は□□のために必要

答え合わせ

健康

すばらしい回答の方がいらっしゃいました。**体内のビタミンD_3合成**とお答えの方、完ぺきすぎて「文字数云々」と言う隙もありません！　**カルシウムの吸収**としたあなたも、すばらしい！

インコに日光を浴びせる「日光浴」。日の光を浴びることで、紫外線によってカルシウムの吸収に必要な「ビタミンD_3」が体内で合成されます。ビタミンD_3は、インコが普段口にするものからは得られにくい栄養素。**健康のために、1日30分程度は日光浴させましょう**。

ガラス越しの日光浴だと紫外線がカットされてしまうので、直に浴びせます。インコが休めるように、ケージの一部に日陰をつくりましょう。また、事故防止のために日光浴中はインコから目を離さないでくださいね。

11 くらし

お留守番は□泊まではOK

答え合わせ

1

1とお答えの方のみ正解です。2泊とお答えの方、冬場ならまぁ……ギリギリ可能ですが、できれば避けてくださいね。3泊以上ひとりでお留守番は、ぜーったいにダメです！

〝いっしょ〟が合言葉のインコですから、お留守番は大の苦手。夏場は1泊まで、冬場は2泊までは可能ですが、温度管理や健康管理上の不安があるので、できれば1泊までにしましょう。

なお、お留守番ができるのは、健康な成鳥だけ。幼鳥や高齢のインコ、病中・病後の場合、体調が急変する可能性があるので、お留守番は厳禁です。

なお、きちんと準備し、脱走対策や温度管理を徹底すれば、インコとはむしろ積極的にお出かけしたほうが◎。なわばり意識が薄れるし、絆も深まります。

補習授業

もっと知りたい

お留守番の準備について

インコを安全にお留守番させるための方法をお勉強しましょう！　ポイントは、安全性に配慮することと、いつも通りの環境をつくること。できるだけインコがさみしがらないように、しっかり準備してくださいね。

テーマ 》 インコをお留守番させるときのポイントは？

ポイント1
室温を管理
エアコンなどで、室温を適温に保ちましょう。また、ケージは日差しが直接当たらない場所に設置します。

ポイント2
エサは十分に！
エサ入れを2つ以上用意し、フードをたっぷり入れます。水は汚れると腐りやすいので、給水器も設置してください。

ポイント3
カバーは外す
真っ暗な場所にひとりでいると、不安でパニックになる可能性も。カバーはあらかじめ外しておきましょう。

ポイント4
退屈しないように
さみしさを減らせるよう、2時間ごとにテレビがつくようにセットできると◎。また、安全性の高いオモチャも設置しましょう。

預けることも考えて
たとえ1泊でも、お留守番で多大なストレスがかかるインコもいます。無理にお留守番させず、預けることも考えましょう！　預け先は、かかりつけの動物病院やペットホテル、インコの扱いになれていて信頼できる知人などが考えられます。

まとめ

お留守番させるときは、室内を適温に保つ、エサや水を十分用意する、退屈しないようにする……の3つを完ぺきにしないとダメ！

12 くらし

水浴びで□□□□させよう

水浴びには、体の汚れや脂粉を洗い流してキレイにしたり、ストレスを発散したりする役割があります。水浴びのやり方はインコによってさまざまで、お皿に張った水で水浴びするインコもいれば、水道の蛇口から出る水を直接浴びるインコもいます。水浴びするタイミングも、やり方も、インコの好きにさせつつ、環境を整えてくださいね。

なお、水浴びは、かならず常温の水を使います。お湯を浴びせると、羽毛を覆っている皮脂が溶けて、防水・保温機能がガクッと落ちてしまうからです。

答え合わせ

気分転換

模範解答の**気分転換**のほか、**体をキレイに**などとお答えの方も正解です！　同じ「浴びる」でも日光浴は健康のために必須ですが、こちらの水浴びはインコのやる気に任せてOKですよ。

仲間のお迎えは□□□□後に

答え合わせ

お見合い

説得や**インコが納得した**などとお答えの方は△といったところ。いきなりお迎えしないという心構えが大切なんですよね！　具体的な手順、**お見合い**とお答えの方は大正解です♪

先住インコにペアをつくるためのお迎えなら、相性が肝心なので、お見合いは必須。ケージ越しに対面させましょう。お互いに興味をもっているようなら、第一関門突破といえます。

　鳥種が異なるインコをお迎えする際は、先にケージを用意し、中にぬいぐるみを入れましょう。それを先住の子に見せることで、同居の予行練習になります。

　なお、インコにとって、同居のインコは飼い主さんを取り合うライバルにもなります。相容れずけんかをするケースもあるので、十分注意しましょう。

インコ4コマ くらし編

留守番中の気持ち

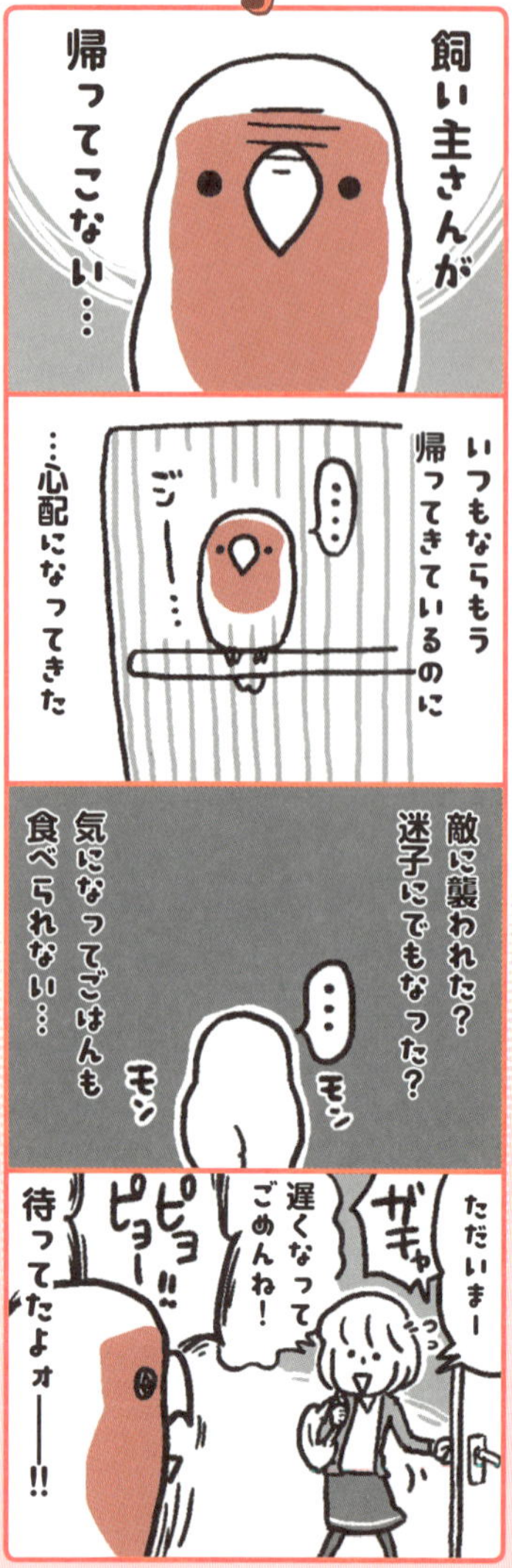

寄り好みってやつ

INKO DRILL
5時間目

インコとたのしむ

インコともっと仲よくなるために知っておきたい知識を、5問の穴埋め問題で紹介します。5問が完ぺきに解けたとき、インコとの暮らしがさらにハッピーになるはずです♪

みーんな飼い主さんが大好き！

それから
生徒たちは
それぞれの
家へと戻り
じゃあねー
またネ！
飼い主さんと
仲よく過ごす
のであった
みなさん
学んだことを
活用して
いい関係を
築けている
ようですね

たのしむ 1

インコは□□□□□□がある人が好き

答え合わせ

安心感

愛嬌？　思いやり？　包容力？　人間に当てはめると、どれもモテ要素ですね。でも、インコに好かれるのは圧倒的に安心感がある人なんです！　目指せ、インコモテ♡♡♡

インコにとって、いちばん重要なのは〝安心できること〟。飼い主さんに対しても安心感を求め、「この人といると安心できる」という人に好意をもちます。

ということで、インコの前であえてだらだらした姿を見せましょう！　飼い主さんがまったりしていると、インコは周囲に危険はないと判断します。そして、「側にいると落ちつくな～」と思うようになるのです。

反対に、キビキビして忙しない人の側にいると、緊張して落ちつかなくなるもの。インコとのんびりする時間をつくりましょう。

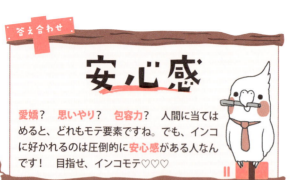

補習授業

もっと知りたい

インコからの信頼について

インコに愛してもらうには、「この人といると安心できるな♡」と、信頼を得ることが不可欠です！　ここでは、飼い主さんがインコから信頼されるための方法をレクチャー。インコとの関係に悩む方、必見ですよ！

テーマ》 インコの信頼を得るコツは？

コツ1 いっしょにお出かけする

効果テキメンな方法です！　見知らぬ人だらけの環境で、自分を守ってくれるのは飼い主さんだけ。この状況で、声をかけておやつをあげれば、「なんて頼れるの!!」と思ってもらえます。

コツ2 何かあったらかけつける

地震が起きたとき、聞き慣れない音が聞こえたとき……。インコが不安がっているときこそ、飼い主の腕の見せ所。すぐにかけ寄り、声をかけましょう。

コツ3 一貫性をもって接する

同じことをしたのに、褒めたり無視したりと場当たり的な態度をとると、インコは不安定になり、信頼を損ねます。一貫した態度で接しましょう。

まとめ

インコに信頼されるには、普段の生活で一貫性をもつことと、ピンチのときに頼れる人間になることが大事！

5時間目 インコとたのしむ

信頼回復には□□が必要

答え合わせ

根気

正解は**根気**。**時間**とお答えの方は、半分正解といったところ。こちらからアクションを起こさず、「時間が解決してくれる」という意味でお答えなら、間違いになります。

もし、なでようと伸ばした手を、愛鳥が怖がったり避けたりするなら、残念ながらインコが飼い主さんを信頼できなくなったのかも……。きっかけはいろいろ考えられますが、無理につかまえようとした、意図せずともインコに痛い思いをさせたなど、思いあたることはないですか?。

一度失った信頼を取り戻すには、根気が必要。まずは、ケージ越しにごほうびを与え、「手=怖くない」と覚えてもらいましょう。少しずつ距離を縮め、インコが飼い主さんに乗ってくれたら、再び信頼を得た証です!

□□□□と社交性が身につく

インコにも、社交性は必要です。飼い主さんとしか接していないと、それ以外の人に攻撃的になったり、パートナーからしか食べものを受けつけなくなったりするからです。また、病院などへの外出で、多大なストレスがかかるようになります。

社交性を身につけさせるコツは、飼い主さん以外にならすために「自宅に人を招く」ことと、家以外の環境にならすために「いっしょに外出する」こと。人を招くときは、飼い主さんと同性の人をひとりだけ招くことからはじめましょう。

答え合わせ

人を招く

外出するとお答えの方も正解！　**人を招く**ことと合わせ、どちらも必要なのです。**話す**、**いっしょに遊ぶ**など、飼い主さんとインコだけの行動で完結する回答は、残念ながらNGです。

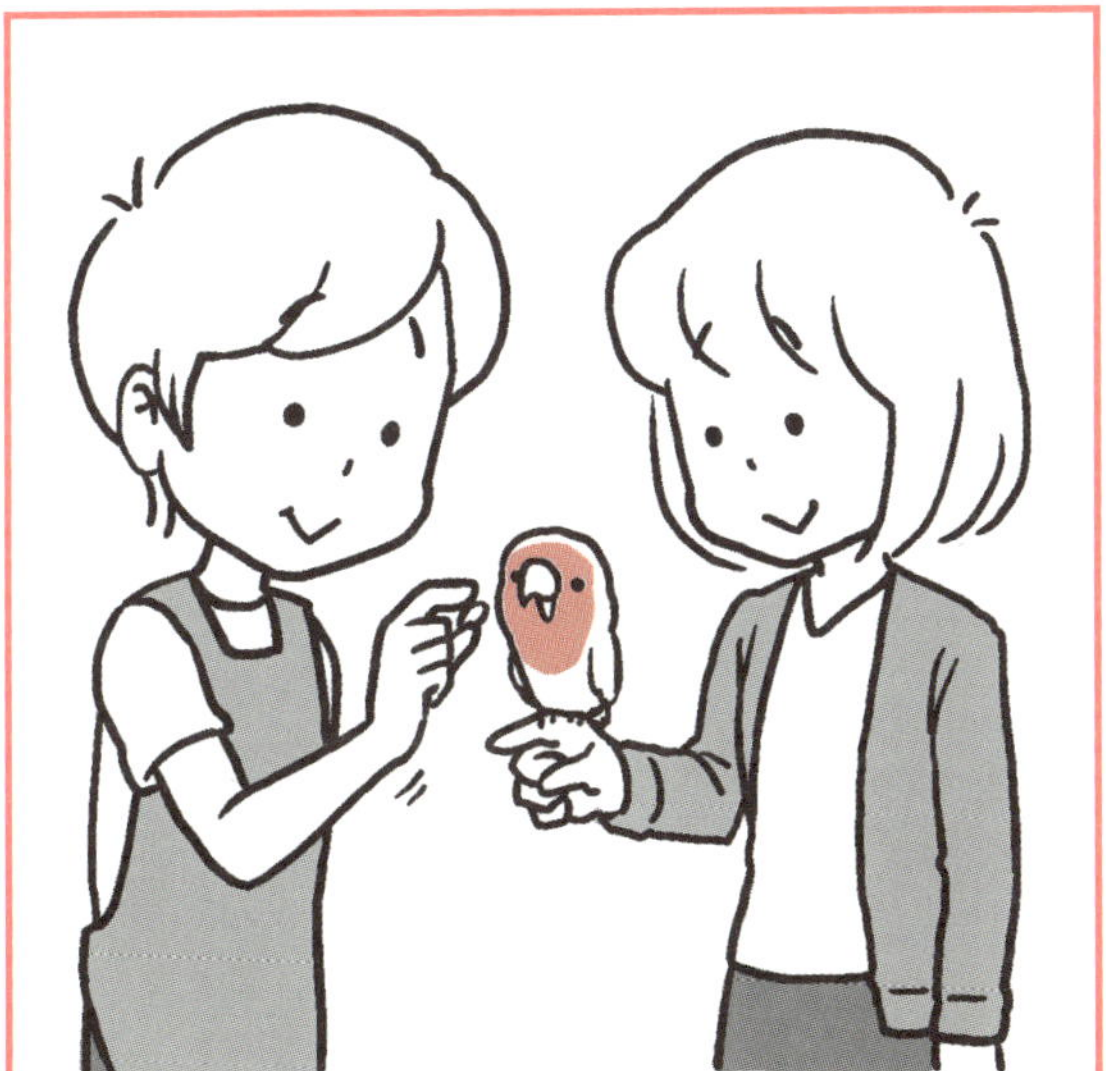

ふれ合いは□□されてから

答え合わせ

信頼

答えは**信頼**。何事も、信頼を得ることが大切ですね。**許可**とお答えの方も正解。指を差し出したとき、頭を下げたり首を近づけてきたりしたら、「カキカキして〜」のサインです♪

インコと仲よくなる手段として、スキンシップは重要です。とくに指での「カキカキ」には、あこがれる飼い主さんが多いですよね。ですが、インコが手を怖がっているうちのふれ合いは時期尚早。恐ろしい手に体をなでられるのは恐怖ですから……。信頼を得てからにしましょう。

インコがさわられて喜ぶのは、頭や首のまわり、背中。インコがさわらせてくれる範囲でさわる分には問題ありませんが、背中をさわったり手で包むように持つと、発情スイッチが入ることがあるので、注意が必要です。

補習授業

もっと知りたい

手乗りにするコツについて

ふれ合いの第一歩が、インコを手乗りにすること！これができると、インコと飼い主さんの距離がグンと近づきます。ここで紹介する、おやつを使った「手乗りトレーニング」をマスターしましょう。

テーマ)) 手乗りトレーニングの手順は？

ステップ1
ごほうびを使って呼ぼう

離れたところにいるインコを手に近づける練習からスタートします。片手を床に置き、もう一方の手でおやつを持ちます。床に置いた手を、軽くトントン叩いて……。

ステップ2
手のほうへ誘導しよう

ごほうびを持った手を、少しずつ床に置いた手に近づけ、インコを誘導していきます。最初は、インコが少しでも手に近づいたらごほうびをあげてください！

ステップ3
インコを手に乗せよう

インコが手に乗るようになったら、手に乗ったときにごほうびをあげます。慣れてくると、ごほうびがなくても乗ってくれるようになりますよ。

まとめ

手乗りにするには、おやつを使って、「手に乗るとうれしいことが起こる！」と思ってもらえるようにトレーニングすることが大切。

5 たのしむ

いっしょに□□□絆が深まる

答え合わせ

遊ぶと

遊ぶと仲が深まるのは、人もインコも同じです。**話すと**、**いると**などとお答えの方も間違いではありませんが、ここでは絆を深めるイチオシの方法として、遊びの重要さをご紹介します♪

インコと仲よくなる方法はいろいろですが、イチオシはインコと遊ぶこと。**インコは物事を共有することに喜びを感じますから、〝いっしょ〟に遊ぶと、絆がグッと深まります**。遊びは、時間や場所、動作、感情を「共有」できるものを考えましょう。

遊ぶときは、インコの気分に合わせて。インコが乗っていないときに無理に誘うと、遊び自体を嫌いになってしまうかも。また、**遊びはインコが飽きる前に切り上げましょう**。そうすることで、「また遊びたいな」と次を楽しみにするようになります。

インコ4コマ あそび編

プレイングジム♥

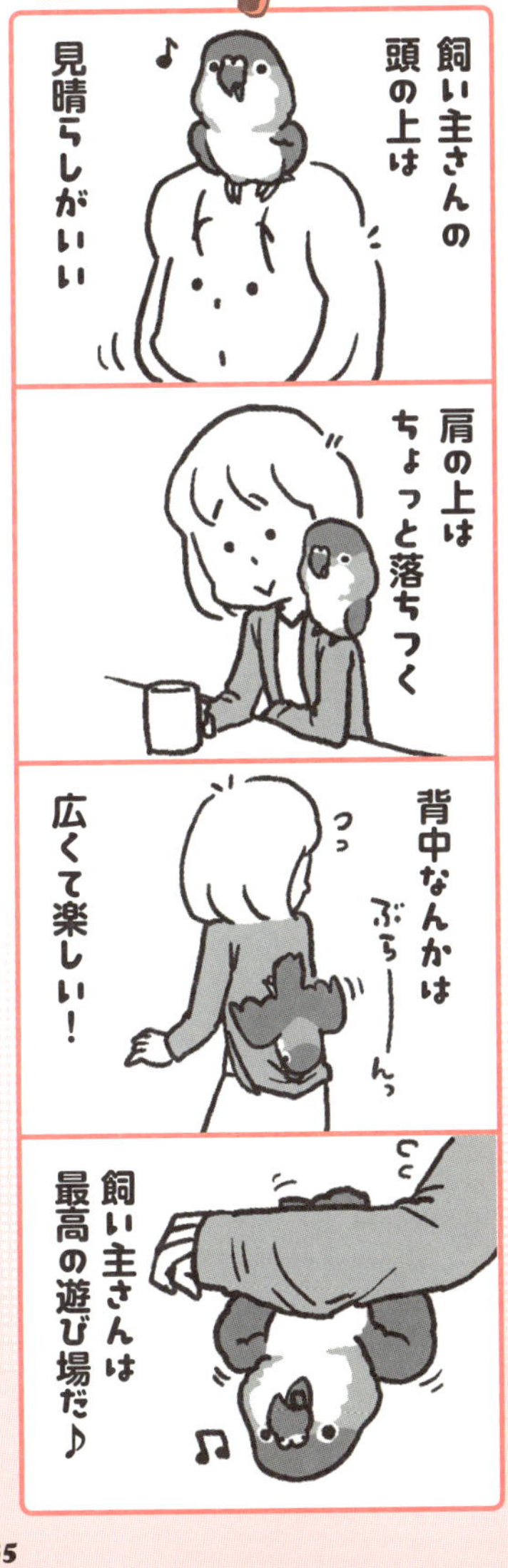

ただいま仕事中…

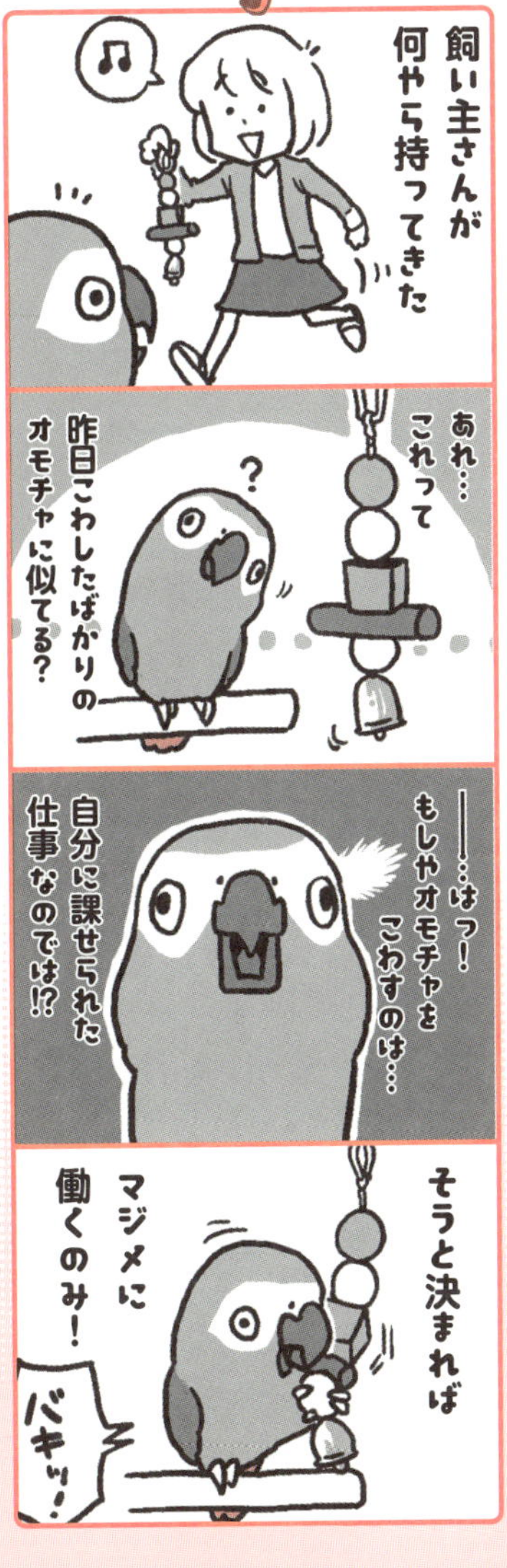

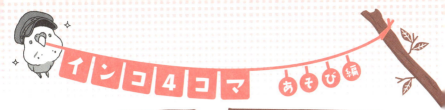

インコの健康管理手帳

ご長寿インコを目指すには…

ポイント 1 健康チェックで異常を早期発見！

ポイント 2 ストレスをなるべくかけない

ポイント 3 日照時間を管理する

ポイント 4 食事管理で太りすぎを防止

ポイント 5 過発情は避けること！

この5つのポイントを
守ることが大事なのですよ！
ひとつずつ解説していきましょう。

ポイント 1 健康チェックで異常を早期発見！

野生下では、弱みを見せた者から敵に狙われてしまいますから、インコは本能的に病気やケガを隠そうとします。そのため、明らかに体調が悪い様子のときは、すでに病気がかなり進行している可能性も……。毎日観察して、少しでも「おかしいな」と思ったら、様子を見ずに、すぐ動物病院を受診しましょう。

健康チェックは、体を見るだけでなく、行動も合わせて確認します。とくに、左ページのチェックポイントをしっかり見るようにしてくださいね。

インコの健康チェックポイント

☑がつかない項目がある場合、体調をくずしている可能性が…。すぐに動物病院へ！

［体のチェックポイント］

目・鼻

- [ ] 目やにや涙が出ていない
- [ ] 目や鼻のまわりが腫れていない
- [ ] 鼻孔のまわりが汚れていない
- [ ] くしゃみや鼻水が出ていない

耳

- [ ] 変なにおいがしない

羽毛

- [ ] 膨らんでいない
- [ ] 荒れや乱れがない
- [ ] 色が変化していない

クチバシ

- [ ] 上下がかみ合っている
- [ ] 色に変化がない
- [ ] 変形していない

全身

- [ ] やせすぎていない
- [ ] できものやしこりがない
- [ ] お腹が膨らんでいない

脚・つめ

- [ ] 腫れていない
- [ ] 血色がよい

便をチェックしよう！

便には、体内の情報がぎっしり！　敷き紙を交換するときに便を確認すれば、消化器や内臓疾患の早期発見につながります。

異常のある便

下痢便  便があざやかな緑色の場合、エサを食べていないか、鉛中毒の可能性が。

多尿便  さまざまな体調不良で出る便。腎臓疾患、糖尿病の可能性も。

血便  便の色が黒に近い場合、消化管で出血して、血便が出ている可能性大。

正常な便（セキセイの場合）

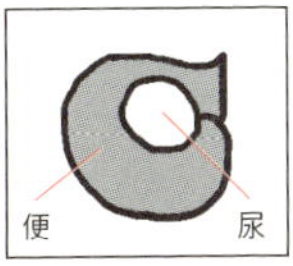

白い尿と、濃緑色の便

総排泄腔から、尿と便が混ざって出てきます。濃緑色の便と、白い尿の部分に分かれます。

［行動のチェックポイント］

- [ ] ずっと首を傾げていたりしない
- [ ] 生あくびをしていない
- [ ] 背中に顔をうずめる、羽毛が膨らむなど、寒そうな様子は見られない
- [ ] 羽をだらりと下げていない
- [ ] いつものように元気に鳴く
- [ ] 起きる時間がいつもと同じ
- [ ] エサを食べる量が減っていない
- [ ] 「ゼーゼー」と異常な呼吸音がしない
- [ ] 排せつしづらそうではない

ポイント
2 ストレスをなるべくかけない

ストレスがかかると、免疫力が低下し、病気にかかりやすくなります。インコのストレスをできるだけ軽減して、健康インコを目指しましょう。

ストレスは大きく、**「精神的ストレス」と「環境ストレス」の2つに分けられます。**「精神的ストレス」は、飼い主さんといっしょにいられない、放鳥時間がないなどが原因になります。「環境ストレス」は、急激な温度変化や、不衛生な飼育環境などが原因です。インコとの生活では、2つのストレス、どちらのケアも行うことが大切になります。

ポイント
3 日照時間を管理する

ほとんどのインコは、昼行性で、**日の出とともに活動をはじめ、日没とともに眠りにつきます。**ところが、人間と暮らしているインコは、飼い主さんがつけた明かりで夜に起こされたり、日の出が早い夏にいつまでも眠らされたりと、不規則な生活を強いられます。すると、健康に悪いばかりか、過発情を招く、退屈な時間に問題行動に走るなどの原因にもなるのです。

完全に日の出・日没に合わせるのは難しいかもしれません。ですが、**インコは基本、8〜10時間起きて、14〜16時間は眠る動物。そのサイクルに近づけられるように、日照時間を管理**して。

日照時間調整のコツ

日の出に合わせて照明をつけよう

インコがいる部屋の照明は、日の出の時間に合わせて明かりがつくようにセットしておくのがベスト。飼い主さんも、できるだけ早起きしてくださいね。

夜は完全に光を遮ろう

明りをつけてインコを起こしてしまうと、インコの睡眠時間はリセットされてしまいます。日没の時間に合わせて、ケージカバーなどで光を遮断しましょう。

ポイント

4 食事管理で太りすぎを防止

肥満は、百害あって一利なし。体重を支えきれずに飛行が困難になるほか、心疾患や動脈硬化を招くこともあります。太りすぎのインコは、一刻も早くダイエットさせましょう。

なお、痩せすぎもよくありません。インコは代謝がよく、生命維持のために大量のエネルギーを必要とします。生命維持のための体重の下限を超えると、死に至るケースもあります。

こまめな体重測定で適正体重かどうか確認しましょう！

インコのダイエットのコツ

かならず獣医師に相談してから！

インコにとっては、体重を1g落とすだけでも体に負担がかかります。ダイエットを決意したら、かならず獣医師に相談し、食事量や適正体重の確認を。健康に影響が出ないダイエット方法を相談してください。

コツ1 食事量の調整

家でできるレベルの運動では、体重を落とすことはできません。ダイエットの基本は食事制限！　食べたエサの量と体重の増減を１週間程度測り、食事の適正量を決めましょう。体重が一気に落ちると危険。３日で１ｇ落とすくらいを目安にしてください。

コツ2 睡眠時間を長めにとる

起きている時間が長いと、どうしてもお腹が空きます。ダイエット中のインコは、とくに日照時間をしっかり管理し、夕方になったらケージカバーをかけるなどして、早めに眠れるようにしましょう。

コツ3 エサを簡単に与えない

野生のインコは、飛びまわって採食しています。エサは、食器に入れておくだけでなく、インコが頭を使って食べられるようにしましょう。退屈な時間を減らすことにもつながります。

エサ入れを複数セット！

エサ入れを、ケージに2つ以上セット。行き来しながら食べられるようにします。

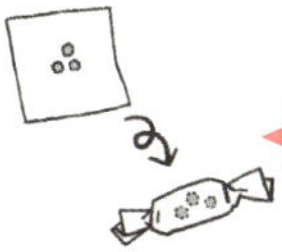

食べるのを邪魔しよう

エサ入れに障害物を置くなど、食べづらくするのも一案。紙に包んだりするのもおすすめです。

薬で治療することも！

動物病院で、低たんぱく・高ビタミンの「処方食」を処方されることも。インコの状態により用法・用量が異なるので、獣医師の指示をきちんと守りましょう。

ポイント

5 過発情は避けること！

発情とは〝動物が交尾可能状態になる〟こと。野生のインコの発情は年に1～2回ですが、飼い鳥のなかには、毎月発情してしまう子も少なくありません。**過度な発情は、インコの心身に悪影響を与えます。**オスは、精巣腫瘍になりやすくなるなど。メスは、過剰な産卵で代謝異常が起き、内臓疾患や骨の病気にかかりやすくなるほか、卵詰まりを起こして命に関わることもあります……。

左のピラミッドを見てください。発情の条件は、このすべての欲求が満たされること。つまり、**〝欲求不満〟にすれば、発情しづらくなるのです！**

発情する条件とは…

繁殖欲求
3つが満たされると発情の条件が整う！
優越欲求
（ほかの個体より強くなりたい！）
安全欲求
（敵がいない、安心・安全な環境にいたい）
生理的欲求
（ごはんが食べたい！　眠りたい！）

飼育下においては、この3つの欲求は自然と満たされます。そのため、つねに繁殖欲求をもっている状態に……。

つまり…

これらの欲求を満たさなければ、繁殖欲求をもちにくくなる！

過発情を防ぐコツは？

巣を撤去する

もぐりこめる巣や、巣材になるようなものがあると、発情の原因になります。また、飼い主さんの服にもぐりこませる（131 ページ）のも控えましょう。

スキンシップを控える

繁殖には、相手が必要です。飼い主さんが「相手」になって、発情を誘引してしまうケースが多いので、さわりすぎ、構いすぎには注意しましょう。

食事を与えすぎない

＼最重要！／

過発情を防ぐ、いちばんの方法です。お腹いっぱい食べられる＝ヒナを育てる余裕があることに繋がるからです。獣医師に相談しながら、食事制限をしましょう。

→189 ページ

ホルモン注射を打つ

これは最終手段。ホルモン注射によって発情を抑制する方法です。毎月打たないと効果が得られないのが難点。まずは食事や日照時間の管理から実践しましょう。

日照時間の管理

日照時間が長くなると、インコは発情しやすくなります。それは、日照時間が長い夏は食糧が豊富だと認識しているから。日照時間が長くならないよう、管理を。

→188 ページ

インコの学校はこれからも続く

みわエキゾチック動物病院　院長

三輪恭嗣
（みわ　やすつぐ）

2000年より東京大学付属動物医療センターの研修医となり、現在ではエキゾチック動物診療科の責任者を担う。2006年に、鳥やハムスター、うさぎなどのエキゾチック動物診療を専門とした、「みわエキゾチック動物病院」を開院。専門知識が豊富な獣医師や看護師が数多く在籍し、日々の健康管理から高度医療まで、飼い主の意見を尊重しながら、それぞれの動物に最適な治療を行っている。2011年、博士号（獣医学）取得（東京大学）。また、エキゾチックペット研究会副会長、帝京科学大学非常勤講師も務める。

みわエキゾチック動物病院
東京都豊島区駒込1-25-5
http://www.miwaah.com/

STAFF

イラスト・マンガ	kanmi□（マルといっしょ）
カバー・本文デザイン	片渕涼太（ma-h gra）
DTP	長谷川慎一（有限会社ゼスト）
編集担当	朽木 彩（株式会社スリーシーズン）

本書の内容に関するお問い合わせは、**書名、発行年月日、該当ページを明記**の上、書面、FAX、お問い合わせフォームにて、当社編集部宛にお送りください。**電話によるお問い合わせはお受けしておりません**。また、本書の範囲を超えるご質問等にもお答えできませんので、あらかじめご了承ください。

FAX：03-3831-0902
お問い合わせフォーム：http://www.shin-sei.co.jp/np/contact-form3.html

落丁・乱丁のあった場合は、送料当社負担でお取替えいたします。当社営業部宛にお送りください。
本書の複写、複製を希望される場合は、そのつど事前に、出版者著作権管理機構（電話：03-3513-6969、FAX：03-3513-6979、e-mail：info@jcopy.or.jp）の許諾を得てください。
JCOPY <出版者著作権管理機構 委託出版物>

インコドリル

2018年7月25日　初版発行
2018年8月5日　第2刷発行

監修者　三輪恭嗣
発行者　富永靖弘
印刷所　株式会社高山

発行所　東京都台東区台東2丁目24　株式会社 新星出版社
〒110-0016 ☎03(3831)0743

© SHINSEI Pubulishing Co.,Ltd.　Printed in Japan

ISBN978-4-405-10528-7